【德】萨拉·齐鲁尔 著
朱刘华 译

深海争夺战

DER KAMPF UM DIE TIEFSEE

地球资源的争夺

中国青年出版社

目　录

前　言

我盯着电脑屏幕已经半小时了，我被深深吸引住了，忍不住一个劲地摇头。坐我对面的那人好奇地打量着我，一个孩子轻轻推他的父亲，最终是卖咖啡的那人才让我脱离催眠状态。此刻我坐在前往科隆的列车里，头一回观看摄自深海的录像，它们让我惊讶得说不出话来。

在这之前我没有怎么考虑过深深位于海平面以下的世界。虽然我父亲在我很小的时候就教会了我潜水，我们也常去科隆动物园的水族馆，虽然多年来只要有时间有地方我就去潜水，可我潜水时看到的水下世界大多距离海平面只有10米20米，最多40米。

相反，我面前屏幕上的录像画面是拍摄于1000米深的海底，它们将我引诱进一个陌生黑暗的世界，远离我所熟悉的海滩海岸，远离潜水旅行、帆船或冲浪板——将我带去没有光线和海浪的地方。这些画面既生动离奇又美丽迷人，拍摄于地球上最大的生活空间——深海。

这一年我的生活就开始于这个新项目——为西部德国广播（WDR）电视台进行一次深海资源的调查。一开始我不清楚这方面有多少可讲的。我在前往科隆编辑部途中观看的

DVD是从法国海洋开发研究院(Ifremer)得来的,它终于说服了我:报道深海发生的事情,已经刻不容缓了。

几星期来我的一本本笔记就写得密密麻麻了,相关背景信息的文件夹堆积成山,我几乎每天都与深海专家通电话。我不仅与海洋研究人员交谈,也与来自德国、法国和其他工业国家的原材料战略家和经理人交谈。每当谈起去一个惊喜不断的世界的考察,他们全都无比骄傲、兴奋不已。

依靠最新的潜水技术,研究人员在深海里不仅发现了无数陌生生物,还发现了医学疗效出乎意料的活性物质及大量宝贵的原材料。他们在海底发现了石油和天然气,金、银及含有矿物的锰结核。深海估计是地球上最大的藏宝库。面对陆地上资源越来越紧缺的现状,到处都在跃跃欲试,准备开采它们。

因此,从科隆返回的途中我的行李里不光有深海录影片,而且还有一份委托书——委托我与科隆的经度制片厂合作,拍摄一部有关争夺地球上的最后原材料——深海原材料的新闻报道。我要跟踪全球最重要的挺进海底的行动,亲眼看看它们是怎么回事。这是将近两年的工作的发令枪声。

拍摄之行让我来到了只有少数人才能到达的地点——我来到新西兰近海德国的“太阳”号科研船上做客，还造访了非洲西海岸近海法国道达尔（Total）集团浮动的石油工厂。我曾在美、法和德国深海研究人员的实验室里站在他们背后观看他们工作，吃惊于新发现的深海动物种类和神效药物。我从联邦政府的原材料战略家那儿了解到，德国在深海——说得更准确些，是在太平洋5000米深的水下——也在执行多么惊人的计划。但是，除了所有这些亢奋，环境保护者和海洋法专家也向我介绍了，为什么他们在忧心忡忡地观察着对海底越来越快的征服。

每次旅行我都带回新的印象和新的问题。虽然那些雄心勃勃的项目令我着迷，在海底爆发了一场淘金狂热，就像当年在野蛮的西部一样。一个个都尽量能捞多少捞多少——不顾规则、边界线和环境，而社会大众至今对此都几乎一无所知。

而这些深海计划不仅是未来全球原材料供应的伟大机会，它们也蕴含着巨大风险——深海是地球上人类至今几未涉及的最后的生活空间，历经数百万年，那里的居民适应了极端条件。到目前为止,几乎无法分析开采海底原材料会造成什么样的破坏。2010年墨西哥湾“深水地平线”号钻井平台沉没,数百万升石油因此无法控制地从1500米深的水下流进海里,这可能只是让我们初步见识了一下我们还将面临的灾难。

另外,这些深海原材料属谁所有,不是处处都得到了很好的解决。政治纠纷业已出现,日趋尖锐——在那些水下分界有待商榷、发现了矿藏的地点。国际法学家现在已经在担心,海底会爆发未来的原材料战。

我从拍摄之旅带回许多摄像和采访记录,我们在科隆的剪辑室里最终将它们剪成了两部45分钟长的影片。片名是《海洋属于谁?》和《深海寻宝》。这些影片至今一直在电视里播放,并荣获多种国际大奖。然而,早在旅行一开始我就有种预感:这两部片子远远容纳不下全部信息。

这个题材相当于一部地理政治学惊悚小说,它的发生地从北极延伸到南极,从欧洲、亚洲直到非洲最穷的国家,从跨国集团的老板层到政府机构直至海洋最深的深渊。我暂时将许多数据和方方面面的资料、分析及背景信息装在脑海里,还有我所拜访过的科考船、钻井船和采油船上的异常生活留给我的印象,我最后决定将这一切写成一本书。

在看过最早的深海摄像三年多之后,我又一次坐在了火车里,这回是从柏林前往汉堡,去出版社。行李箱里装的是本书的手稿,还有真实反映出全球深海里所发生事情的记录。因为研究人员、各国、各集团可以在海底做什么,必须得到广泛的社会讨论,毕竟它事关这样一个世界的未来,这个世界仅有一小部分得到了探究,却对人类的共同生活和自然界的发展意义重大,它散发出的魅力至今都让我一次次惊叹不已。

2010年6月28日,柏林

深海宝藏图

至今发现的资源储藏

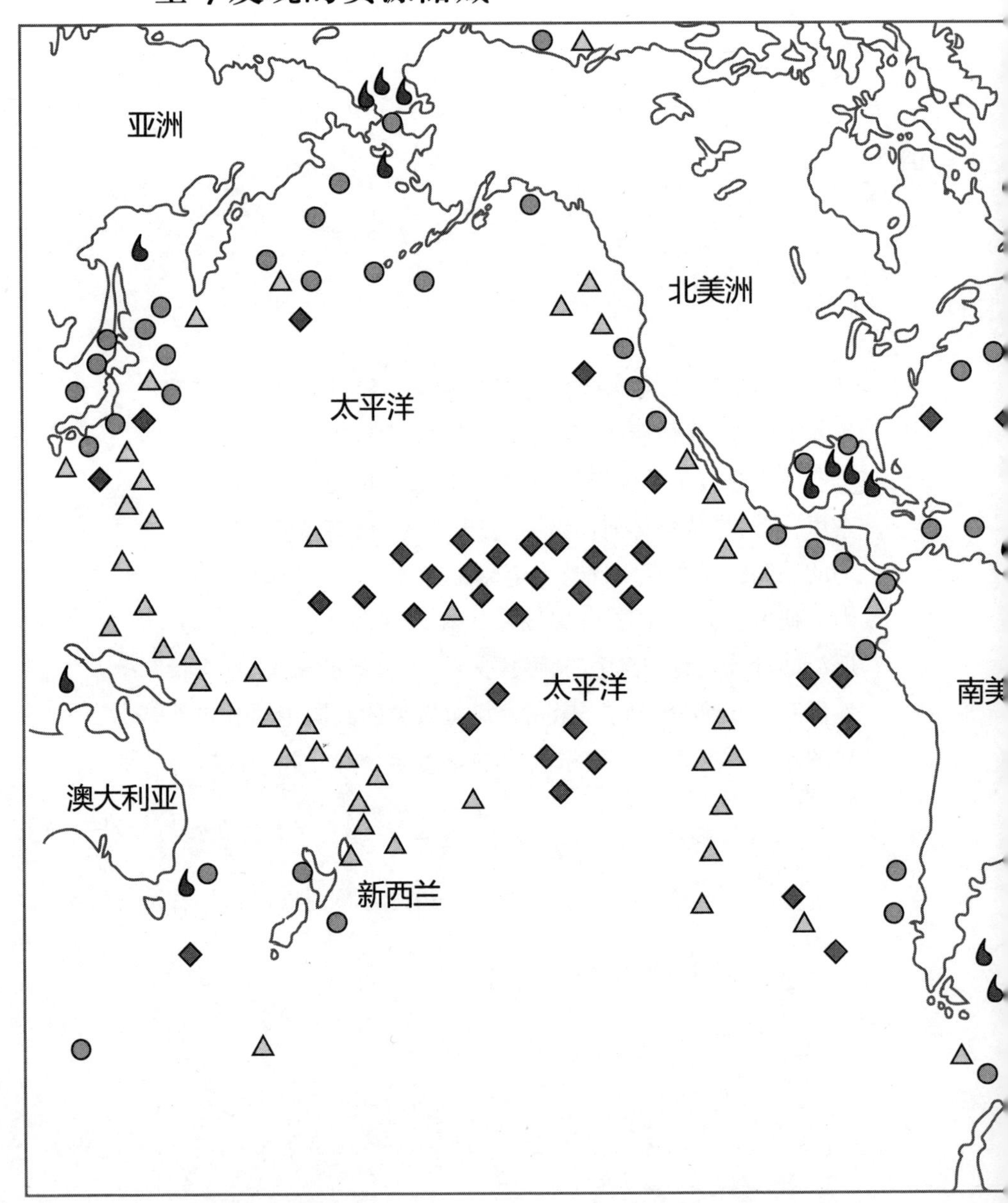

石油和天然气

黑烟囱（固态硫化物）
（金、银、铜、锌）

来源：国际海底管理局

德国莱布尼茨海洋科学研究所

美国地质调查局

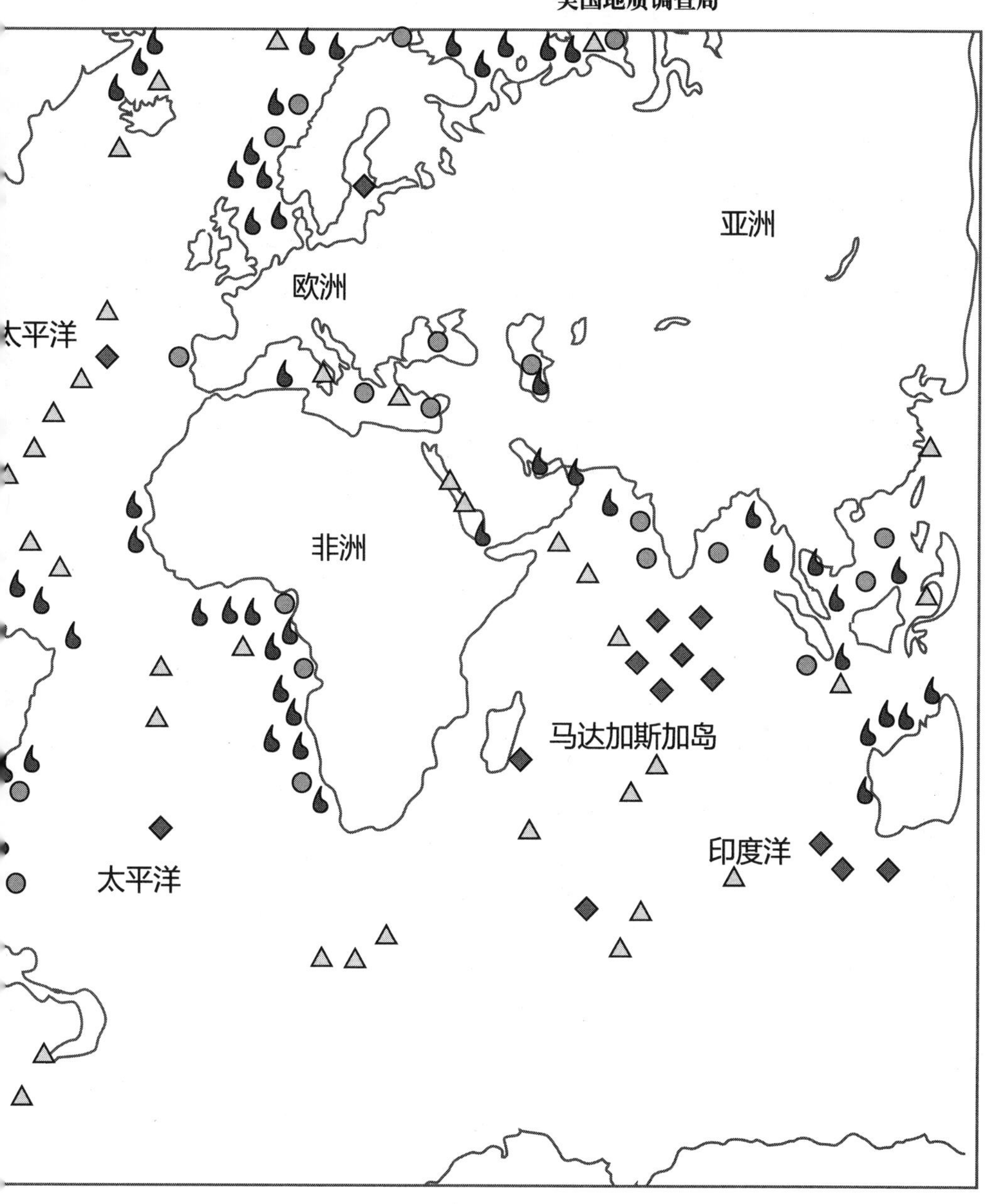

甲烷水合物（天然气）　　锰结核（铜、镍、钴、铟、钼、碲）

新西兰近海寻宝

勘探未来的金矿

一座密集的黄色管道森林，鲜红的蠕虫从林中钻出，虫身似乎毛茸茸的。下面很深的地方，头端长有粗毛的生物抽搐着钻进地洞，又从洞中探出头来。鳗鱼状的鱼在管道和粗毛生物之间蜿蜒，黑眼睛细细的，皮肤皱巴巴、粉红色。我望向一旁——我在监控器的反光里认出了刚刚踏进房间的海洋研究人员的脸。他们睁大眼睛，观察着我们面前的监控器上这罕见的表演。很显然，他们的吃惊不亚于我。

“你们还能再接近一点吗？”“很难，我们离得越近就越热。”室内光线暗淡，我们身前的两人在操纵着控制板。他们头顶有 6 台平板监控器，监控器上，黄黑色的贝壳礁之间在冒出气泡和灰蒙蒙的蒸汽。当其他研究人员推门进来时，一束阳光落在房侧一张高达屋顶的电脑橱上。硬盘吱吱响，横框上，绿色黄色的小灯闪闪发光，到处都有粗线缆钻进墙里。

我们这是在一只集装箱内部，集装箱刚好 2.5 米宽、6 米长，里面铺着地毯，安装有空调。集装箱被改装成了一个特殊

的监控室，配备有电脑、监控器和操作仪器等全套系统——这是一个移动监控室。不到两星期前，它在新西兰的奥克兰码头被用吊车吊上了“太阳”号科研船。

今天，来自基尔的海洋研究人员首次从这里操纵他们的最新研究设备。我们在监控器上看到的，是来自海底的直播图像，拍摄于科研船下方 1600 多米深的地方。这是“基尔 6000”号深潜机器人从深海拍摄的首批图片。

4 天前，经过 30 多个小时的飞行并在洛杉矶中途着陆过之后，我降落在新西兰最北的城市奥克兰市——此行环绕了半个地球。我这是头回来新西兰，但我不会在陆地上待太久。我此行的目的是“太阳”号的考察航行，此行由德国基尔的莱布尼茨海洋科学研究所（IFM-GEOMAR）执行。这些研究人员要在奥克兰近海测试他们新添购的产品——“基尔 6000”号深潜机器人，目前世界上最先进的深海潜水器。

虽然他们也能在北海或东海将这台设备放下海，可那里的海洋平均水深不足百米，在东海甚至只有 50 米。相反，在新西兰近海可以让“基尔 6000”号下到它的最大下潜深度 6000 米。这是此次测试之行的一个必不可少的条件。

他们偏偏挑选地球另一端来首次使用这台机器人，这还有一个原因。19 世纪中期，新西兰做过一场短暂的黄金梦，如今剩下的矿藏已经很少，可在它的近海，几年内将诞生全球首批深海矿。一家采矿企业获得了在这里勘探海底金属储藏的许可证——就在研究人员要将“基尔 6000”号放下海的地点。这种计划另外只在一个地方有这样的进展速度：澳大利亚北部的岛国巴布亚新几内亚的近海。

听说了对这个特殊区域的考察活动之后，我想尽一切办法，获准参加。我想看看工业界的深海计划是怎么回事，海洋研究人员在其中扮演着什么角色。现在我将陪伴莱布尼茨海洋科学研究所的这支团队两星期，看他们如何在太平洋水面以下数千米处寻宝。

陆地上剩余的一天半时间我用来在奥克兰的街头闲逛。在塔希提的工艺品商店和韩国餐馆之间，我一次次伫立在新西兰旅行社的橱窗前。它们拿大陆北部较小的岛屿和南部较大的岛屿的美丽大自然做广告。白色沙滩和黛色雨林的图片诱人出游，中间的间歇性热喷、山脉和火山的照片夺人眼目。新西兰是世界各地自然爱好者和极限体育运动员的梦想目的地之一，他们在这里潜水、漫游、爬山、划舢板、玩滑翔伞或蹦极。

这个岛国也是地质学家从事研究的天堂。世界上几乎没有一个地方能像新西兰这样可以观察到这许多奇妙的自然现象，地震、火山爆发和蹿向空中的间歇热泉在这里属于家常便饭。但基尔的研究人员感兴趣的不是新西兰的这一魅力——至少不是陆地上可以看到的那些。他们想考察近海的海底，因为覆盖了地球表面近 2/3 区域——深海。

深海规模之大让陆地上已知的一切相形见绌。人们一提到海洋，首先多会联想到夏季度假、海滩和水上体育运动。可我们近海的浅水域可以说只是浴缸的最上沿。在那下面，在海洋的腹中，在光线几乎再也钻不进的地方，就是深海。有些研究人员将 200 米定为深海的边界线，因为表面的风和热量再也影响不到那里。另一些人又说，深海始于 800 米。不存在统一的深海定义——但大多数研究人员都同意以1000米的深度为界，因为即使使用最精密的测量仪器在那里也测量不到阳光。大海深过1000米的区域，覆盖了地表的60%以上。这样一来深海就成了地球最大的生活空间。

深海规模巨大，它的最大深度达到11000米，容积大得可以放得下整整32个水面以上的陆地。不管是喜马拉雅山还是安第斯山，撒哈拉沙漠还是西伯利亚荒原，南极洲还是巴西的热带雨林，面对深海的规模，就连陆地最大的岩层也显得微不足道，而至今只有1%~2%的深海得到了探索。这意味着，没有人知道，在98%~99%的深海里具体隐藏着什么。研究人员只能依据推算，估测在未知地区还有什么在等着他们。有关这些未知地区，人们经常的说法是对的：对深海的探索，不及对月球背面的探索，如今恐怕也不及对火星表面的探索。

海洋研究人员称呼深海为“最后的边界”，这么称呼不是偶然的。它是地球上人类尚未逾越的最后界线，是人类尚未开发的最后区域。美国海洋和大气管理署(NOAA)在提到太空(outerspace)时也谈到了去“内太空”(innerspace)远足，因为海洋深处仍跟宇宙一样遥远、黑暗和神秘。

地球上的这个最后的边界近几年才被跨越。自从全球越来越多的地方发现了海底的宝贵原材料之后，深海研究的速度加快了，就像在新西兰近海一样。

抵达奥克兰两天之后，我在奥克兰码头等候送我去“太阳”号科研船的快艇。当船长将我的行李拎上船时，我又遇到了那个人——彼得·赫泽格。差不多半年前，就是他首先给我讲起即将进行的考察航行的。这位身材魁梧、满脸络腮胡的地质学家是当天早晨才抵达奥克兰的。他情绪很好，在意大利的帆船休假将他晒得黑黝黝的，我们相遇时他正爬上快艇，也要搭乘它前往“太阳”号。从2004年起彼得·赫泽格就摆脱了作为教授的教学活动，从那以后一直领导着当年创办的设在基尔的莱布尼茨海洋科学研究所。

莱布尼茨海洋科学研究所，它的前身是基尔的克里斯蒂安－阿尔布莱希特大学的海洋研究所（IFM）和海洋地质学研究中心（GEOMAR）。德国共有大约15家从事海洋研究的机构，它是其中之一。它们各有不同的侧重点和预算。不来梅港的阿尔弗雷德－韦格纳尔极地和海洋研究所（AWI）主要研究极地地区和温带的海洋，其在南极和气候变化方面的研究引起了全世界的高度关注。相反，森肯伯格研究所已经探索世界海洋近百年了。在法兰克福总部和威廉港的一家分所，森肯伯格的研究人员主要研究海洋里的物种多样性。而2002年新成立的不来梅海洋环境科学研究中心（MARUM）由多个研究机构合并而成，它主要研究全球气候变化中海洋的作用和相互影响。

我头一回在基尔拜访彼得·赫泽格时，他就告诉我，海洋研究耗资不菲，为之筹款有多艰难和费时，这种情形直到过去几年才发生变化。自从成立了莱布尼茨海洋科学研究所之后，预算就逐年上升，最后达到6000万欧元，主要从石勒苏益格－荷尔斯泰因州的财政预算中拨款资助。工作人员的数目也翻了一倍多，由原先的 300 人左右上升到了 2010 年春的 720 人。如今莱布尼茨海洋科学研究所属于欧洲最大、最著名的同类机构之一。

赫泽格将这一发展归因于观念的转变，主管海洋研究的政治家们越来越意识到，海洋及其探索是多么重要。“21 世纪海洋将扮演特殊的角色。”我在基尔拜访赫泽格时他强调说，“无论是食物、医学或能源，我们社会的几乎所有领域未来的原材料都将部分来自海洋。”他带我穿过基尔峡湾东岸长形砖式建筑的通道，这里的一切都显得轩敞、崭新和时尚。

赫泽格坚信，“对于德国这样的国家，在海洋勘察上占据国际领先地位很重要”。我们来到一条游廊，位于一间摆满橱柜和箱子的大厅的上方。“这是 Lithothek，我们的设备厅。”他解释说，“箱子里是即将进行的考察活动的作业设备。”

我们从楼梯走进大厅，赫泽格微微一笑：“大多数来访者都问我们是不是有一座水族馆，里面可以观看到深海鱼类。”幸好他主动这么说，因为我也很想看这种东西，毕竟我在弗兰克·施茨廷的小说《群》里读到过这么一种虚构的深海模拟器。“可我不得不让你失望，我们没有这么大的一座深海水族馆，虽然我们自己也很想有一座。蓄积大量的水，制造出相应的压力，再将动物们安然运进去，那会费钱费力。”可惜。赫泽格示意我往前走，走进库房里面的一个角落里，那里有只不引人注意的集装箱。“这是一个压力实验室，我们可以在里面稍微模拟一下深海，是我们跟汉堡哈堡工业大学的同事们一起建造的。集装箱里除了桌子和电脑还有一个圆柱形金属桶，桶底塞着一只玻璃塞。我们可以用这个汽缸生成水深

5500米处的压力:550巴,巴是水压的测量单位。”赫泽格解释说。

我透过细细的玻璃塞张望,只看得见清水。“在门外汉看来这也许不是很有趣。”彼得·赫泽格承认说,“可是,举个例子,我们可以在这里调查海底的所谓甲烷水合物是如何形成的。”他冲一位正在集装箱里忙碌的大学生点点头,“目前我们正在借助这个实验室从事一个项目,它对未来能源的获取有可能意义重大。”

果然,几年来,这些扑朔迷离的甲烷水合物一直让世界各地的科学家们紧张不安。更准确地说,是自从基尔的研究人员1966年在美国西海岸首次较大量地从海底捞起一种灰白色物质并点燃之后,研究人员手里模样像冰的甲烷水合物燃烧时冒着橘蓝色火焰的图片,传遍了全球。这种“可燃冰”成了整个行业的希望载体,使海洋研究得到了意想不到的重视。在小说《群》里,这种水合物对虚构的海洋居民阴谋反叛人类的故事也起着重要作用。

如今人们知道了,在有较大量甲烷气体从海底溢出、在深海的压力和严寒下产生类似冰的结构的地方,就会形成甲烷水合物。这种现象主要发生在水下的大陆坡上,在数百米至1000多米深的海底。在挪威、冰岛的近海和黑海里也跟北美西海岸一样发现了“可燃冰”,在南极洲和日本、中国和印度的海下大陆坡上也发现了。

一些科学家和能源专家估计,海洋里的甲烷水合物里总共储藏着相当于全世界已发现的石油、天然气和煤炭总储量的双倍。这种等级至今只是纯粹的猜测。可是,即使事实证明总量不及这么多，如今怀疑分子们也承认甲烷水合物有可能是新的能源。

还完全没有解决的问题是，可以采用什么技术开采它们。同样没有答案的是如何避免开采引发一场灾难的问题，因为甲烷水合物蕴含着巨大的危险。在大陆坡上，它们跟沙子和沉积物一起组成一种砂浆，维持大陆坡的稳定。一旦开采时甲烷水合物融化，将会导致大陆坡滑塌。像海底地震时一样，这种海下滑坡会掀起巨浪。挪威近海和苏格兰的沉积物证明，在地球史上已经多次发生过这种大陆坡滑坡。因此，开采时一不小心，就会在全球沿海引起海啸，强度要比 2004 年 12 月肆虐东南亚沿海的巨浪大得多。

但甲烷水合物也可能因为另一个原因融化：气候变暖。研究人员目前就已经观察到，海洋在越来越快地变暖。通过海里的水流和翻滚，数百年来仅在海面测量到的较高温度，也到达了较深的地区。他们甚至相信，再过数百年至 1000 年，温度会缓缓上升几摄氏度，但这一发展就跟油轮在海上航行一样很难停止。

问题是，甲烷水合物只有在最高 4℃时才是稳定的，高过 4℃，它就融化。到时候近海不仅会发生灾难性的巨浪，如果大量甲烷融化进海洋，还会瓦解海水里的化学成分——气体大部分会上升进大气层里。到那时，这会让地球变暖的速度增加很多倍，因为甲烷是一种比二氧化碳强 20 倍的温室气体。

因此，莱布尼茨海洋科学研究所的研究人员想阻止甲烷水合物融化——越早越好。他们借助压力实验室和考察航行调查如何能够有控制地开采甲烷。他们为此制订了一个冒险计划:用二氧化碳取代水合物里的甲烷。根据“甲烷出来—二氧化碳进去”的原则,这样就可以清除侵袭地球的二氧化碳,同时获得能量,保持大陆坡稳定。因为由二氧化碳代替甲烷形成的水合物,在更高的温度下也还是稳定的。

这个主意离付诸实施还很远。但现在这个项目就已经让RWE、EON 和 Wintershall 这些电力和天然气企业集团兴奋不已了。这些企业也出资数百万通过德国联邦研究和经济部资助这个项目。

“距离真正开采甲烷水合物,自然还有很长一段路。”在我们返回彼得·赫泽格的办公室的途中, 他请我考虑说,“相反,新西兰近海的研究人员在勘察中将要调查的事情,很现实。”他们要勘察海底硫化物中出现的金、银、铜等金属。赫泽格估计,与甲烷水合物相反,这些宝贵的深海矿藏的开采有可能很快就成为现实。

“您不会晕海吧?”当快艇轰隆隆地冲出码头时,彼得·赫泽格的询问打断了我的思绪。问得好,我不知道我会不会晕海。我在海上待过的时间最多也就是几小时,而且大多是在平静的渡轮上。当奥克兰的体育码头在我们左侧飞掠而过、森林密布的朗伊托托火山岛在我们右侧钻出时, 彼得·赫泽格向我解释,他为什么临时决定参加此次考察航行。我们在基尔会谈时他还没有打算参加。

在出任莱布尼茨海洋科学研究所所长之前彼得·赫泽格自己就曾经领导考察多年。他介绍说,他总共参加过 30 次左右的科考航行,工作将他带去过海洋最偏僻的角落。担任研究所所长之后他几乎难得较长时间地离开基尔,这回他来了个破例。莱布尼茨海洋科学研究所每年要进行 10~15 次考察,他可以任意选择。那他为什么偏偏挑选这次呢?

“那台机器人!”为了盖过发动机的轰鸣,赫泽格喊道,“他们在这儿首次测试它,我想亲临现场。毕竟我努力了将近 15 年,才让我们得到这么一种设备。”赫泽格曾经在加拿大使用最新的技术设备从事研究,打从加拿大回国后,他就只有一个目标:让德国的研究人员也拥有一台现代化的科研机器人,用它在很深的海底进行调查。

不来梅的海洋环境科学研究中心 2003 年购买了“Quest”号深潜机器人,它能够在深达 4000 米的水下工作,从此基尔的研究人员的工作条件也暂时得到了改善。他们一次次租借“Quest”号深潜器,用于自己的科考航行。可这台深潜器很快就被提前几年预订完了,世界各地的研究所都想使用它。彼得·赫泽格觉得必须为莱布尼茨海洋科学研究所申请一台自己的设备了,这一台应该能下潜得更深:深达 6000 米。

“对我们来说,这个深度是个神奇的极限。”赫泽格走近快艇的舷栏杆。他在张望“太阳”号科研船,它应该在宽广的奥克兰海湾的边缘等着我们。“有一台下潜深度 6000 米的设备,我们就可以到达 95%的深海海底。”世界海底的平均水深为 3800 米,只有 5%的海洋深过 6000 米。例如北太平洋的马里亚纳海沟,它深 11034 米,是全球最深的地点。

曾经有两人到达过这个地点,这已经是 50 年前的事了。

1960 年 1 月，瑞士的雅克·皮卡德和美国的海军少尉唐·沃尔什以一次惊人的壮举改写了历史。他们乘坐由皮卡德设计的“特里斯特(Trieste)”号潜水器潜到了马里亚纳海沟的底部。他们穿过黑暗潜行了 4 个半小时,最终着落在 10916 米的深度。“特里斯特”号的探照灯照亮的是个多淤泥的海底——还有一条小红虾和一条鲽鱼。勇敢的深海探险先驱皮卡德和沃尔什受美国海军委托,证明了在海洋最深处也存在生命,证明了人类可以到达地球的任何位置,不管它有多高多深。

皮卡德于 2008 年 11 月去世,在他去世前几个月,我曾在日内瓦湖畔跟他有过一次交谈,这位全世界备受尊敬的研究人员向我描述了他当时是多么希望能以他的行为让全世界更加关注“海洋的这个近乎受到怠慢的王国”。在他之前和之后都未有任何人下潜到过如此深度——但雅克·皮卡德的希望实现了。他的下潜和他开发的工艺为今天的海洋研究奠定了基石。

与雅克·皮卡德的会晤给我留下了深刻的印象。这位工程师、经济学家和海洋学家身高近 2 米,他将他的一生献给了海洋湖泊考察及对它们的保护。他在耄耋之年还让人感觉到精力旺盛,我希望能带上一点点他的精力踏上我的旅程。

快艇突然放慢了速度,我们前面不远处的雨灰色水面耸起一艘浅红色的船身,船的上层建筑白得耀眼。我们抵达了“太阳”号,它长 100 米,是德国的第二大科考船。30 年来它接受各研究机构的委托,航行在世界各地的海洋上。许多最重要的深海发现都是从“太阳”号上做出的——包括 1996 年在美国近海发现的甲烷水合物。

彼得·赫泽格和“太阳”号也很熟，曾经乘坐它参与或领导过无数次考察航行。“太阳”号科考船系 1978 年由捕鱼船改建而成，新西兰近海的这次考察有可能是它的最后一次冒险。又一艘新船已经在打造中，再过几年它将以更先进的技术承担它的工作。

赫泽格在快艇里套上一件救生衣，抓住从舷栏杆上放下的绳梯的底端。“出发！”他向我眨眨眼，叫道。我帮着将皮箱和木箱固定在吊车钩子上，也套上一件救生衣。窄窄的绳梯晃晃悠悠，我一级一级地爬向甲板，身下的快艇越来越小。剩下最后一段时，上面伸来多只手抓住我的胳膊，将我拉了上去。我在研究人员和船员们的包围下站在了甲板上。

“喏，乘了一夜‘电梯’，总算熬过来了吧？”两天后科林·德韦问候我说。此时是早晨 7 点，研究人员们正在船上的厨房里用早餐。我到达的当天和次日，“太阳”号远远地行驶到了无边无际的太平洋上。现在，再过半小时，“基尔 6000”号机器人将开始首次下潜。

地质学家和火山专家科林·德韦是莱布尼茨海洋科学研究所的副所长，于 1961 年出生在苏格兰，他是此次考察航行的领队。也就是说，他负责研究人员每天在“太阳”号船上的工作计划，跟船长和船员们商谈，计划航线及时间长短，组织技术装备及必要的预算。不管此行成功与否，作为领队他负有责任。

我是在去基尔采访时提出陪伴考察的要求的，科林·德韦听后反应犹豫，虽然他很支持我报道开采海底原材料的打算。“但是，很有可能您来的时候，机器人由于不管用，被肢解成了数万块扔在船上。”他警告我说，“首次使用，谁也不知道会有什么结果。那不仅会让我们大失所望，对您也不会有啥用处。”我们一致认为，要保持一种健康的乐观主义，一切都会顺利的。

“没什么大不了的。”我回答他的询问道。到现在为止我还没有晕船，虽然我是在“电梯”里过夜的。我一上船一位服务员就将我的舱室的钥匙给了我，并说明我得到的是船上少有的单间之一。由于我是船上仅有的 4 名女性之一——船上共有 22 名男性研究人员，船上工作人员除了厨房女总管之外清一色都是男性——两名美国的女研究人员已经占据了一个双人间，留给我的就剩下一个单人舱室了。那位服务员警告我说：这间舱室在最前面，在船首。那儿船身晃得特别厉害。越靠中间，越在船下面，越感觉不到船体晃动。研究人员出自痛苦的亲身经历称前面的单人舱室为“电梯”。

刷牙时我就果真不得不特别小心，以免每次浪涛袭来时跌撞在洗脸盆上。海浪多次推得我在橱柜和转角椅之间滑来滑去，我因此没有打开箱子。令我吃惊的是，虽然这样颠簸起伏，躺着要容易忍受多了——躺着几乎有些安慰作用。虽然我的床铺一整夜都颠簸得相当剧烈，我却睡得又香又沉。

我向科林·德韦承认，更让我糊涂的是肌肉酸痛，我将它归因于连接主甲板与上层甲板及下面实验室的那许多楼梯，

当然还有在船上走动的不习惯的方式。我这是从船员们那儿学来的——每一次都叉开腿，弹跳着行走，借此缓冲左右摇晃和上下颠簸。看起来虽像微醉的样子，事实却证明特别有效，不会跌跌撞撞。

另外，大家在船上都这么走，研究人员也是。不过，由于船身摇晃，他们的工作就更难取得进展了——他们只可以用一只手搬东西，空出另一只手随时准备抓紧任何东西。每道门、每只设备盒、每个随便放置的零件都必须放好、锁好或拿牢，这耽搁他们不少时间。科林·德韦承认，他们在考察时很少能完成旅行开始时计划的一切。人类也只是海洋的客人，不得不设法适应现状。海洋研究是桩缓慢的事务。

走廊里突然传来一声喊叫："开始！"我匆匆赶往作业甲板。当我拉开沉重的外门，跨过阻止打上甲板的波浪侵袭内部区域的高大门槛时，我中了邪似的站住了：太阳刚刚升起，船的四周是一望无际的大海。不管我望向哪个方向，太平洋都波光粼粼，一片蔚蓝，直到地平线。饶是再富有经验的研究人员，每次见到这景象都会被吸引，他们中有几位同样在甲板上站了会儿，观看貌似浩瀚无涯的太平洋。然后他们走向船尾，去船的后部。

"好，同意，各就各位。"船尾的科林·德韦手拿对讲机，发布命令。科考船来到了研究人员为他们的机器人的首次下潜挑选的地点——新西兰东北方的一个地区，距离大陆 300 海里左右，也就是 555.6 千米。这样的海域没有天气预报，只有大致的风势预报。当"太阳"号两天前离开奥克兰取道东北方向时，研究人员和船长只能估计，目标海域的大海是波涛汹涌还是风平浪静。

发动机嗡嗡响着，科考船驶向远离海岸的太平洋。当我们将新西兰最后的沙嘴抛在身后时，大海明显变粗暴了。一夜又一天，海浪高达 4 米。傍晚讨论第二天的工作时，科林·德韦和彼得·赫泽格也显得很紧张，海浪这样大，他们将无法放机器人下海。它会被海浪抛起，撞上船壁，砸个稀巴烂，这种风险太大了。

可今天太平洋静如处子，横卧在我们面前。夜里的风浪平息了，天空一片晴朗。

监控室集装箱是蓝白色的，科林·德韦透过打开的门向他的同事托马斯·库恩和马丁·皮珀尔点点头："驾驶桥楼上一切就绪。"地质学家托马斯·库恩和工程师马丁·皮珀尔是德韦在基尔组建的将深潜机器人放下海的5 人团队的成员，每次考察时又分别补充进另外 3 名深海技术专家。为了这次考察，他们已经准备好多年了，各有各的专业领域——从电脑技术到水力学。他们也曾经一次次前往加利福尼亚，去与"基尔 6000"号的制造商谢林·罗伯特公司讨论设计这个设备，亲临最后的生产步骤。

"这么一种仪器不是在超市就可以直接购买、打开开关就行的。"德韦解释准备工作为什么要这样大费周折时说，"这台机器人全世界只有一台，因此我们必须计划得尽可能精确。"机器人是按基尔研究人员的要求设计的，每个部件都是经过仔细挑选、亲手安装进去的。现在托马斯·库恩和马丁·皮珀尔要将它首次投入深海。

“高功率上来了！”马丁·皮珀尔对着甲板上喊道，空中传来嘹亮的信号。“这声音表示，机器人此刻接通了强电流。”德韦解释说，“现在正在操纵它，我们最好离它远点。”

一只超大的金属抓臂在我眼前原地转动起来。马丁·皮珀尔先是皱眉，然后点点头，对着对讲机讲话。我与科林·德韦和彼得·赫泽格一起站在封锁线外，观看“基尔6000”号如何活过来。

抓臂的铰链连着电缆和支杆，抓臂弯曲，张开一只钳子似的大爪子。我脑海里掠过一念——它与同名科幻电影《终结号》里终结者的手一样大。皮珀尔一声令下，第二只金属臂向前伸去，它显得比第一只更结实。它也张开了一只由四根弯曲的金属手指组成的抓手。“这些胳膊是钛做的。”科林·德韦解释说，“一种不锈钢，承重能力极强，能承受强烈的温度变化、咸水和侵蚀性化学物质——同时又轻便得惊人。”

机器人的样子与我对它的想象不同。研究人员带来的不是个小巧、纤细的工具，也不是人们可以坐在里面的潜艇，而是个笨重的方箱子，油漆成了大黄色，比一辆小轿车要大，里面塞满众多技术设备。“基尔6000”号长3.5米，宽2米，高2.5米，巍然耸立在研究人员们的头顶上方。

两只抓臂安装在前面，在它们之间和上方悬挂着一支由摄像机和灯光组成的大型舰队，我数到17盏探照灯，它们一字排开在上沿，先后打开、关闭，明晃晃地照在马丁·皮珀尔的脸上。

那位工程师绕着设备走了几步，观察7只螺旋桨如何在他的命令下旋转起来，然后打量在前端来回摆动的摄像机。

他拿一块软布擦拭一个镜头,微笑着竖起大拇指。

监控室里,托马斯·库恩往一张表格里画了个小钩。“谢谢,现在我终于能够认识到,你今早的样子有多了不起了。”当我走进集装箱时,他正在评论皮珀尔竖起的大拇指。摄像机的画面被实时传输进监控室,传输到总共 6 台监控器上,监控器安装在库恩头顶的前挡板上。监控器的显示又被切割成多达 8 个窗口。研究人员可以选择他们想看哪里的哪幅图像,想将哪个显示扫描进他们的导航仪,或者是否要完整地显示某个图像。

机器人共有 7 台摄像机——3 台彩色摄像机,其中有一台高清晰度的,3 台黑白的——“这足够进行技术监控了。”托马斯·库恩这么认为——还有一台高分辨率的照相机。它们被装进长形金属管道,安装在机器人身上,压力盒确保相机在 6000 米深的水压下不会被压碎。

每次下潜之前,“基尔 6000”号操纵小组必须保证所有设备正常运转。“就像一架停在起飞跑道上的喷气式飞机,”彼得·赫泽格比喻说,离下潜时间越近,他就越紧张,“喷气式飞机也只有在一切正常时才会升空。下水后我们就什么也无法修理了,小小的短路就可能让整个机器人失灵。”

与其他科考设备的关键区别在于,“基尔 6000”号的全部仪器都是为 6000 米的深度设计的。这些仪器——与摄像机和探照灯一样——要么安装在压力盒里,要么,比如电线,不是真空而是用油充填的,6000 米深处的极端水压丝毫损害不了它们。

我曾在一次潜水培训时了解到,每 10 米水深水压就上升 1 个巴的测量单位，40 米深时水压就会对人类的肺和血管构成危险。水深 6000 米时水压为 600 巴，超过水面的 600 倍。“是的，这已经很高了。”彼得·赫泽格点点头，“6000 米深时水压相当于一头母牛站在一只大拇指甲那么大面积上的重量。任何人连一秒钟都承受不了，我们顿时就会被水压碎。”

但在深海还有其他的挑战在等着“基尔 6000”号——侵蚀性气体，数百摄氏度的温度变化，陌生的水流，当然还有完全的黑暗。这台机器人必须经受的极端条件只有飞入太空才能比得上。必须保证它的仪器在水下不会产生哪怕小小的裂缝或泄漏，这既复杂又昂贵。“基尔 6000”号耗资 500 万欧元——这笔钱来自石勒苏益格 - 荷尔斯泰因州的一笔特殊资助，相比于经济界通常的投资这算不上大笔钱，但对于大多是由官方资助的海洋研究机构这笔钱已经很多了。

当我在基尔访问彼得·赫泽格，他给我讲起这台机器人时，我对它还是有点失望。我做梦都想一起乘坐一艘可以容纳 2~3 名研究人员的深潜器。可全世界也只有大约 10 艘这种潜水器——乘坐法国海洋开发研究院的“鹦鹉螺(Nautilus)”号研究人员可以下潜到 6000 米深；乘坐俄罗斯科学院的“和平一(MirI)”号和“和平二(MirII)”号潜水器也是。中国的海洋研究所目前正在设计一台潜水器，要求它能下潜到 7000 米深。中国官方机构宣称，未来，国家海洋研究项目将跟宇航项目一样蓬勃发展。

雅克·皮卡德的“特里斯特”号下潜得超过了 11000 米，

从此再未有哪艘载人潜水器打破过这一纪录，排名次之的全球最著名的潜水器恐怕就是“阿尔文(Alvin)”号了。“阿尔文”号于 1965 年在伍兹霍尔海洋研究所建成——伍兹霍尔海洋研究所自称是全球最大的海洋研究机构，总部设在美国东北部的马萨诸塞州，它有过无数深海发现，其中只有极少一部分为广大的社会所了解。但有一个发现除外——1986 年研究人员乘坐“阿尔文”号在北大西洋下潜到了 3800 米，在它的帮助下检查了刚刚发现的传奇式客轮“泰坦尼克”号的残骸。这台深潜器的照片和摄像风靡了全球。

凡是乘坐这么一艘潜水器下潜过的海洋研究人员，一回忆起来就会两眼发亮。“包围你的世界与我们在陆地上认识的世界毫无相似之处。”科林·德韦描绘道，“这世界就位于自己面前，让你感觉，你伸手就能触摸所有这些神奇生物和美妙风景。”

“就像月球一样。”彼得·赫泽格试图形容那份魅力，“从科学的角度，人类也许根本没必要在那儿散步。遥控传感器也可以在那儿进行测量，采取岩石试样，甚至风险更小、成本更低、更有成效。可人类就是想亲临那儿，体验那是什么感觉。深海也是这样。要想真正理解这个陌生的世界里是怎么回事，我们必然亲自钻进它里面，亲眼看看它。”

莱布尼茨海洋科学研究所也有一台潜水器——“佳奥(Jago)”号。它的下潜深度为 400 米，可以出色地用于北海、东海和大陆坡上，但“佳奥”号不适合深海。

彼得·赫泽格为他的深海计划订购了一台机器人，这不仅是由于一台潜水器要多花费好几百万。他解释说,机器人最终也能让研究人员工作起来更有效,潜水器始终只能在深海里潜行几小时,一旦它的电流、燃料和氧气贮藏告罄,研究人员就必须结束行动。相反,机器人的电源来自一根长长的电缆,电缆连接在船上,只要它的所有设备运转正常,它可以连续工作数小时甚至数天。监控室里的研究人员可以分班工作。另外,监控室里总是有多名研究人员在同时监视着监控器,而不是潜水器里只能坐得下的两三个人。这样下潜就能带给他们最多的信息。赫泽格认为:“眺望深海的眼睛越多越好。”

自从 20 世纪 70 年代首次制造出用于海洋研究的潜水器以来,进步越来越大。研究人员称之为 ROV,这是 Remotely Operated Vehicle(远程操纵潜水器)的简称。在“太阳”号上,“基尔 6000”号大多时候也只被称为 ROV。

可在研究人员的世界里到目前为止只有大约 30 台 ROV——只有十几台能下潜得超过 4000 米深。法国、英国、挪威、葡萄牙、俄罗斯、日本、韩国、加拿大、澳大利亚和美国——它们全都拥有可以遥控下潜到 6000 米的海洋勘察设备,现在德国也有了。彼得·赫泽格自信地说:“有了我们的 ROV,我们终于可以参与全球海洋研究机构冠军杯争夺赛了。”

只有美国的伍兹霍尔海洋研究所最近又更进了一步,他们的混合式 ROV“涅柔斯(Nereus)”号既可以遥控也可以自动,也就是不用电缆就能下潜,在它的帮助下他们于 2009 年 5 月成功实现了之前只有雅克·皮卡德和唐·沃尔什做到过的事情——前往地球最深点。虽然无人驾驶,“涅柔斯”号首次下潜就在马里亚纳海沟一下子潜到了10902米深。类似的深度只有一台日本的机器人“海沟(Kaiko)”号曾经到达过。可“海沟”号在后来的一次下潜时在黑暗的深海里失踪了——一根电缆断了。日本海洋地球科技局(JAMSTEC)至今还在为这一损失感到遗憾。这一气氛也像一把达摩克利斯剑一样高悬在“太阳”号船上基尔的研究人员的头顶。

马丁·皮珀尔爬上“基尔6000”号的黄色顶盖,直等到系在一根绳索上的吊钩在他的头顶晃荡,他拉下吊钩,固定在从潜水器顶盖伸出来的一根拇指粗的电缆上。电缆穿过一个安装在钢框上的线轴,经过甲板上空,消失在另一只安装有钢栅的集装箱里。“这可以说是脐带,它将机器人与大船连接在一起。”科林·德韦解释说,他此时同样显得紧张。

可以看出栅栏后面有个一人高的巨大缆盘。ROV小组的阿恩·迈耶就站在集装箱旁,手握缆盘的操纵装置,等候开始信号。“绞盘上卷有6.5千米长的线缆。”德韦说道,“玻璃纤维线缆,外面包着钢套。所有信息都通过这根线缆传递——监控室发出的信号,还有设备在深海接受的数据和图像。没有这根线缆我们就拿机器人束手无策。”

托马斯·库恩从监控室里伸出头来,竖起大拇指——他将准备下潜的检验单上的全部60项全都打过钩了。现在,可以开始了。

船尾忙碌起来。水手长彼得·默克示意我戴上头盔,待在隔离线后面的德韦和赫泽格身旁。船员们小心翼翼地解开机器人的缆绳——他们也是头一回使用这台设备。在彼得·默克的指挥下，吊车驾驶员扳倒一根操纵杆，机器人上侧的绳子绷紧，猛一下吊起了3.7吨重的设备。阿恩·迈耶开动绞盘，放开好几米线缆，不久，“基尔6000”号就在研究人员的头顶飘向船沿。“这下再不能出什么纰漏了。”彼得·赫泽格咕哝说。机器人往旁边侧了一下，研究人员和全体船员赶紧低下头，水手长骂了一句，然后“基尔6000”号就钻进了太平洋的波浪里。

赫泽格和德韦匆匆赶去监控室，托马斯·库恩紧张地回头望着他们。他们在监控器上观察机器人如何缓缓地在海里下沉。波涛在它上方合拢，有好几秒钟只看到浪花，然后视线清晰了，“基尔6000”号完全被水淹没了。

机器人还漂浮在水面下方不远。库恩将摄像机摆来摆去，查看所有设备是否都完好无损。一条很长的银鱼钻出来，又动作很快地游出了视线。德韦赞赏地拍拍库恩的肩。到目前为止机器人运转正常，一切都在按计划进行，首次深海下潜可以开始了。

冬日一样柔和的太阳在太平洋上空冉冉升高，监控室里的监控器上越来越暗。马丁·皮珀尔在托马斯·库恩身旁坐下来，他们一起操纵他们面前操作板上的两个所谓接触屏——记录触摸、将命令通过线缆传输给机器人的屏幕。皮珀尔同时用他的左手大拇指将一根操作杆按在一种电脑鼠标上。他们就这样操作“基尔6000”号，让它缓缓下沉。

监控屏幕上的显示让人想起飞机上的驾驶舱——一直在监视深度、速度、倾斜角度和螺旋桨转速。皮珀尔、库恩及其同事们真的可以称自己是飞行员——ROV 飞行员。在苏格兰一家培训中心的一次为期三周的训练中,他们学习了操作深潜机器人,现在他们骄傲地拥有 ROV 飞行证了。就像在一架飞机里一样,他们总是二人一起操纵——或像他们说的"驾驶"机器人。"理论上也可以一个人做,"托马斯·库恩说道,"可两人更保险。在我们使用抓臂时,根本没有别的办法,那时必须一个人操作 ROV,另一人用抓臂工作。"

电脑显示出他们的下潜速度——两个结，下沉飞行中 ROV 的最高速度。马丁·皮珀尔解释说:"平飞时我们能达到三个结,也就是每小时整整 5 千米。这不多,略快于步行速度。可我们要的不是速度——我们是要尽可能准确地看看我们能往哪儿飞。"

不久，深度测量仪上的显示就升到 40 米。这样,"基尔 6000"号就潜到了体育运动潜水员建议的最大深度。从这里起,水压就超出了人类的肺和血管所能承受的强度了。潜水员只有呼吸专门的混合气体,穿上特别结实的制服,才能下潜得更深。机器人继续下沉,在 200 米深时就几乎再也见不到日光了,监控器变成了深蓝色。

现在"基尔 6000"号来到了一个人类只有坐在潜水器里才能进入的区域,研究人员称之为 Bathyal(深海),源自希腊语单词 bathys,深的意思。深海始于 200 米的深度——这个边界线在海洋中很关键。从这儿起再也长不出什么植物了,少许阳光再也不够生命需要的光合作用。从这个深度起,海洋里就只存在动物及许多细菌、病毒和其他的单细胞生物。

在 500 米深时库恩和皮珀尔停下"基尔 6000"号进行技

术检查。他们在探照灯光下前伸抓臂，张开、合拢金属抓手。他们触摸接触屏，打开再关闭探照灯，来回摆动摄像机，一台黑白的监视摄像机显示螺旋桨转速均匀。一切正常，可以继续。

监控器上已经漆黑很长时间了，室内弥漫开一种几乎令人敬畏的静谧。下到1000米深时“基尔6000”号就到了研究人员称之为Abyssal的地带，这个词来自希腊语的abyssos，是深渊或无底洞的意思。真正的深海就始于这里。随海洋浑浊度的不同，最后的阳光虽然还有蓝色和紫罗兰色的光芒射到这里，但最迟自1000米深度起，海洋里就是黑洞洞的了。

只不过研究人员还给6000米之下的深海另取了一个名字Hadal，这个词来自希腊语的hades（下界），指的是深海沟地带。它们的最深处在马里亚纳海沟，达到11034米，地球上再也没有比这更深的地方了。

最早亲眼看到深海的人是美国生物学家威廉·毕比和工程师奥蒂斯·巴顿。20世纪30年代，他们打造了一颗钢球，钢球直径1.5米，壁厚3厘米，开有3扇小窗户——探海球。他们将球系在一根长长的线缆上，钻进球里，在百慕大群岛沿海让人将球从一艘船上抛进大西洋。雅克·皮卡德认为这么一只用绳索系住的球太危险，后来他制造了自动操作的“特里斯特”号潜水器。它虽然同样是一只钢球，但安有一个浮体及存放压舱物、燃料和氧气的箱子。至今，所有现代化科研潜水器都是按此原理建造的。

威廉·毕比和奥蒂斯·巴顿每次乘坐探海球下潜都很顺

利。1934年8月15日他们到达海平面以下923米,这在当时几乎无法想象,从而成为到达那个深度的最早的人类。"自从我见过深海的黑暗之后,'黑色' 一词对我有了崭新的意义。"毕比随后写道,"陆地的任何黑色都无法跟大海深处的黑暗相比。"

这次下潜不仅是一次技术上的突破,毕比在他当年出版的《下潜半海里》一书里描绘和介绍了他在海洋深处观察到的神奇生物、发光水母和模样怪异的鱼类。"谁亲眼见过这个世界,就会永远记住它。"他热烈地说道,"因为孤独、严寒和永恒的黑暗——但主要是因为它的居民美得无法形容。"

长期以来,人们都认为毕比想象力太丰富,他的报告太令人难以置信了,今天我们知道这位生物学家说得对。

在"太阳"号的监控室里我开始理解毕比的兴奋了。监控器上,在ROV探照灯的光柱里,有生物不时地从黑暗中钻出来——一只近乎透明的水母,边缘蓝闪闪的;一条绿莹莹的鱼,鱼鳍尖尖,眼睛异常大。"如果船上有生物学家,估计我们现在每次都得停下来,看看那到底是种什么动物。"科林·德韦低声对我说道,"而我们地质学家更感兴趣的是海底的岩石,真庸俗,是吧?"

机器人的深度显示此时已升到了1500米,机器人已经出发半小时左右了。另一位地质学家轻步走进暗淡的监控室,他是科尔内尔·德隆德。我一上"太阳"号他就引起了我的关注,因为外面虽然刮着冷风,偶尔还下点雨,但他一直只穿着短裤、衬衫。“我们新西兰人不那么娇气。”他简洁地议论说。

德隆德是新西兰国立地质和核子科学研究所的深海专家，他将一支由新西兰和美国专家组成的团队带上了“太阳”号。当基尔人测试他们的ROV时，德隆德想了解他与科林·德韦一同为考察挑选的海底这个区域的情况。接下来的两星期他们将分班工作，日夜不停。德隆德及其同事们将提取水样，检测它们的气体容量，并使用携带的专业科研设备绘制海底地图。另外，德隆德希望，在理想情况下，基尔的水下机器人的使用会对他们有利。

新西兰国立地质和核子科学研究所与德国莱布尼茨海洋科学研究所联合考察，这种情形在海洋科研活动中是常见的。这样一来，此行的成本就可以缩减近200万欧元，双方共同分享和分析新的数据。

早在3年前，考察队领导就开始计划这些考察了。动身前他们必须租船，订购或定制装备，挑选同行人员。海洋研究人员视这些考察为他们的事业的巅峰。许多人苦等多年，才终于等到梦寐以求的登上一艘科考船的机会。“太阳”号这样的船上只能向科学家们提供不足30个位置，它们很快就被安排完了，更何况是多家机构联合考察。

在可以亲自开始他的首次旅行之前，科林·德韦最初也为英国和法国的不同机构工作过，刻苦钻研地质学、地球化学和火山学，分析其他人从海底带回的试样。今天回想起来他已经参加过不下25次考察，作为领队他可以一次次发现深海的新鲜东西。

科尔内尔·德隆德将一张写有地理坐标的纸条递给操纵台旁的托马斯·库恩：南纬 34° 51′ 747″ ，东经 179° 03′ 488″ 。“我们应该看看这个位置。”库恩将数据记在一块标题为“需做事项”的黑板上。那下面的位置是用来填写所有必须处理、机器上需要修理或下次下潜要改进的事情。但除了这些坐标，黑板上空空的。他冲他的新西兰同事点点头：“希望我们很快找到这个位置。”

德隆德是船上对这一带海洋已经有点准确了解的唯一的研究人员。1996 年他首次来这里，将一只抓箱系在绳子上放下海，从深达 3000 米的海底取了试样。他在试样里发现的东西让新西兰政府突然关注起在那之前一直像被继母养的一样对待的深海研究——有些试样的岩石里含有硫黄，内含高浓度的金、铜和其他贵金属，这谁也没料到。

从此德隆德的科研预算和他的考察频率就一直在提高。政府想准确地知道，在他们家门口的海底都有什么宝藏。可新西兰国立地质和核子科学研究所只有少量的技术设备，德隆德每次考察都不得不向世界各地的研究所租赁必要的设备。他已经乘坐潜水器到过这地区两回，每回几小时。可他还未能使用一台高科技深潜机器人调查过这儿的深海。这样，“基尔 6000”号的深潜测试如若成功，对他的工作也大有好处。

监控室的监控器上变亮了，马丁·皮珀尔放慢了下潜速度。他盯住机器人的深度监控器和测距器：“距离底部只剩 7 米了，我们马上就到海底了！”在深度 1622 米时他通过对讲机讲道:“注意,看到海底了! ”好让驾驶台上的船长和舵手知道情况。紧接着就看到海底了,海底反射着探照灯光。一开始仅在屏幕下部出现一块模糊的棕色，然后第一批轮廓出现了。

蓦地什么都看不见了,褐色的颗粒在显示屏上闪烁。马丁·皮珀尔骂了一句,机器人触到了海底,搅翻了土层,这种事不该发生的。又过一会儿,他才与托马斯·库恩一起将机器人从尘雾里解脱了出来。紧接着“基尔 6000”号的探照灯照耀在一片褐色区域,多岩石、荒凉,向四面延伸,至少能看到的地方是这样。探照灯往前照出 15 米左右,向旁边照出大约 3 米,光柱外依然是漆黑一片。

“这样子很像月球上的景色。”彼得·赫泽格评论那画面说。他在科林·德韦背后倚在监控室的电脑箱上,显得有点失望,他期望的显然是一派奇妙的景象。

库恩和皮珀尔将船的位置与德隆德给他们的坐标比较了一下。根据船只的导航系统,“太阳”号相当准确地位于寻找的位置。但他们不知道，位于“太阳” 号下方 1622 米的 ROV 是在什么坐标位置。本来电脑应该不光显示船的位置也显示机器人的位置的。研究人员在航行开始前安装在船体上的那个系统叫作“尖珠母(Posidonia)”,它接受机器人发出的声呐信号,计算它与船的距离,再结合“太阳”号的位置进行推算,得出的结果就是 ROV 在海底的精确坐标。

可“尖珠母”系统很显然出发不久就掉了,研究人员也不知道是因为什么原因。托马斯·库恩将这一故障记在墙上的黑板上。他们别无办法,只能让机器人一米一米地在海底潜行,寻找会有金、银的地区。

“这就像是要在大雾夜凭一把手电筒攀着绳子下山,说:找找最近的小屋吧!”科林·德韦笑了,但监控室里气氛紧张。机器人与海底保持着2米左右的距离“飞行”着。研究人员只能靠声呐监控器进行定位——一个由不断更新的黄绿色阴影组成的半圆形监控器,像一台雷达似的,“基尔6000”号发出声波,它们前面的所有东西又将它们传回来。机器人就这样识别它面前的地形是平坦的、丘陵状的还是陡直上升的。

他们将“基尔6000”号朝着不同的方向操纵了大约一小时,同时跟指挥舱保持着无线联系,“太阳”号尾随着机器人的航线。靠一台非常精确的新型操纵设备他们能保持和改变它在海上的位置,误差不超过一米。但深海海底还像荒漠似的,偶尔游过几条小银鱼,不见别的什么吸引人的东西。

然后声呐仪上突然有一块块黄色在闪烁,不久监控器上的图像也变了。探照灯光里有什么东西从海底钻出来,一开始只是单个的形象,然后越来越多。“请把情况告诉科尔内尔。”科林·德韦通过对讲机通知驾驶舱,“让他来监控室。我们发现了一些东西!”

飞行员操纵ROV飞近去。那些隆起物由时而黄色、时而微红的岩石组成,有些类似于蚁巢或溶洞里的石笋,另一些形如烟囱,又长又圆,大多数高得上端消失在光柱之外的黑暗中。“这些烟囱可能有20或30米高。”科林·德韦估计道,目光紧盯着监控器。

“基尔6000”号缓缓穿过神奇的风景,盘绕一组有着无数隆起的巨形柱子飞行,同时慢慢攀升。狭窄的岩缝里喷出深绿色的水，烟囱上端较大的孔里喷泉似的喷出灰色混合物。这里的水压力巨大,从岩石里喷出来,水喷个不停,喷泉周围的水甚至形成热雾，雾峦似的一直升到光柱之外的黑暗中。

此刻监控室里兴奋异常。为了看得更清楚,科林·德韦从他的椅子上站了起来,彼得·赫泽格越过飞行员的头顶,指着监控器打手势。大家七嘴八舌:"升高点!""小心,烫!""那后面有个很大的!"机器人到现在一直运转正常,让大家倍感轻松,就像面对海底景色时的那份激动一样。

科尔内尔·德隆德加入进来,赞许地点点头。基尔的研究人员到达目的地了,这正是他们寻找的区域。

"保持原位!"马丁·皮珀尔对着对讲机喊道,"太阳"号用导航仪确定位置,免得不小心将ROV拖离原位。飞行员们将它更近地驶向一个锥体,近得能看出喷涌的水柱之间还有别的东西——某种爬行、蠕动、僵硬地行走的东西,渐渐地可以看出一个个形状来,那是无数大小不同的动物。

有着橙色器官的透明的虾骄傲地在画面里游动,微小的灰虾在水柱之间嬉闹。石柱上好像粘着一群群白蟹,上面竖着森林似的发黄的管子,管子里探出羽毛似的红色生物。"管状蠕虫。"科林·德韦在我身旁嘀咕道。周围的地面布满黄黑色的蚌和颤动的毛足纲动物，肉色的鱼长着小小的黑眼睛，游来游去。越来越多的科学家挤进监控室,人人都想看看海底是怎么个情况。

在这些动物之间，到处都有黑糊糊的喷泉在喷射进深海,但似乎不妨碍这些生物。我们之前飞越的深海荒漠之间一派忙碌景象，这让人始料未及。

“这些就是著名的黑烟囱。”科林·德韦兴奋地确定说，同时炯炯有神地观看着监控器上的忙碌。那是海底的热泉，里面喷出的水温度高达400℃。“地球上的神奇现象真叫人不敢相信——你们看看，动物们都能在什么样的条件下生活啊。我可以连续看上数小时。”科林·德韦回头望望房间里，“是啊，您看到了，黑烟囱对大多数海洋研究人员也依然是个真正的轰动事件。”

1977年，人类首次发现了海底的黑烟囱，海洋研究一夜之间彻底改变了。直到20世纪70年代人们似乎都是有约在先似的，认为深海的海底像一种荒漠。据说那里虽然可能有种类繁多的生物，可只有少量动物能够在海底生存，就算有，也是很小很小的。

果然，研究人员在他们从数千米深处取出的水样里发现平均每立方水里有2克的生物量，也就是生物——一个小得令人失望的数字。但他们的解释令人信服：深海海底的食物供应极其有限。由于那里不长植物，它的居民必须要么狩猎，要么靠从上面淅淅沥沥落下的少量食物为生。

人们发现，海底的上层由微小的残余食物组成——死去的海藻，碎成粉末的蚌壳，蟹和虱的残骸——有机物质，它们雪片一样从较高的水层飘落下来。人们推论，靠这么少的食物基础，较复杂的生命群体几乎无法生存。后来美国伍兹霍尔海洋地质研究所的研究人员离港出海了。1977年2月，他们想在秘鲁近海，在加拉帕戈斯群岛附近，调查一种至今无人能解释的现象。

在这一带的海洋底部发现了黑色火山岩——证明了深海里也有火山。而各地区的岩石都是淡绿色、黄色或红色的，含有宝贵的矿物质，与科尔内尔·德隆德后来在新西兰近海发现的岩石一模一样。这不是火山熔岩典型的成分，研究人员们不清楚这是怎么回事。

美国人乘坐“阿尔文”号潜水器下潜了2000多米深。他们开始从船上另外拖拉一个设备，设备上安装有测量水温和水的气体含量的仪器及一台带闪光灯的照相机。勘察开始两星期后测量数据才首次得出了结果。有几秒钟温度计测到300℃以上，气体的组成成分发生了剧变，此时照片上可以看到白蟹。

研究人员一开始以为是出现了技术故障——这根本不可能。然后他们乘坐“阿尔文”号潜到上述位置，从潜水器的窗户看到了水里成团的烟雾。他们接近海底冒着浓烟的烟道，那不是活火山，而是喷黑水的热泉，周围云集着生物。这景象没有哪位研究人员预料到过。

他们称那些热泉为“黑烟囱”，因为那里不停地溢出水母形的热水。他们此刻就预感到了他们的发现会大大改变海洋认识，他们在黑烟囱旁发现的生物量不是通常的每立方米2克而是整整50千克。研究人员明白，必须重写有关深海的教科书了，深海海底一片荒凉的理论过时了。他们的发现导致成立了一个研究分支，它至今都是最重要的海洋研究领域之一——热泉或黑烟囱研究。

接下来的几年里，人们一次次出海勘察、调查热泉，并在其他许多海域发现了类似的区域。很快,生物学家们就一致认为:黑烟囱旁的物种多样性只有热带雨林可比。热带雨林是陆地上物种最丰富的生态系统。他们给生活在那里的生物取了首批名字,主要依据它们的外形——管状巨蠕虫、筒状蟹、胡子蠕虫、巨蚌、深海蒲公英。黑烟囱附近形成了极其复杂、完全陌生的生物多样性。但有一个问题他们至今无法回答:这些动物以什么为食?

直到在实验室里做完详细检测他们才有了答案:新发现的鱼、蟹、虾全都是靠一种先前不知道的细菌为生。这些细菌住在黑烟囱旁的热水里,能够处理一种热泉旁大量出现的物质——硫化氢。

对于人类和大多数其他生命,这是一种有剧毒的混合物;而对于黑烟囱附近的细菌,硫化氢是一种玉液琼浆。它们在它的基础上执行一个过程,类似于植物的光合作用。就像植物利用太阳的光能,制造有机物质一样,细菌使用硫化氢作为能源载体,借助它由碳生产出有机化合物。研究人员给这一过程取名化合作用。它的发现真正掀开了地球生物知识的崭新一章。

从事化合作用的细菌构成一个独立食物链的基础,人们对这个食物链的存在至今一无所知。整个单细胞生物的“云”将无数最小的小动物吸引到黑烟囱旁,吃掉它们。端足目动物或迷你蠕虫又成为较大物种的食物,它们定居在热泉周围,繁衍生息。这些动物显然觉得它们周围的水的热量舒适——在黑烟囱的斜坡上温度为温和的 15℃~20℃。而深海海底的温度通常大多在寒冷的 2℃~4℃,与它比起来要舒服多了。

进化研究人员突然也对海底的发现感兴趣起来。在黑烟囱的基础上,他们中有几位对地球上的生命有可能是如何产生的形成了崭新的理论。杜塞尔多夫大学的威廉·马丁和格拉斯戈夫大学的米歇尔·罗梭就估计，黑烟囱旁的条件类似于大约40亿年前地球上的原始海洋里的条件——地球上最早的单细胞生物的生命估计就是那个时代产生的。他们相信,在这个原始海洋里先是由石头形成了微小的细胞,细胞里可以形成氨基酸,最终又由氨基酸发展成单细胞生物。

如果威廉·马丁和米歇尔·罗梭猜得对,这就是说,至今在海底还可以观察到地球上的生命形成的条件。他们的理论至今既未得到明确证明也无人能够反驳。全世界的微生物学家、基因研究人员和进化理论家都为之紧张不安。

如果是那样的话,黑烟囱的发现就证明了,没有阳光整个生态系统也能发展。这个认识不仅对生物学具有重要意义,对在遥远星球上寻找生命也意义重大。

“在陆地上我们会马上将这种地带宣布为国家公园,这是不用说的。”在监控室里科尔内尔·德隆德指着一条白色章鱼,它在红色管状蠕虫和浅粉色鱼类之间用它的许多触须摸索向前,在这些动物上方一点远的地方,一道深灰色水柱喷向空中,“为了实景看到这种东西，人们会挤破我们的小屋的。”

自从德隆德1998年在新西兰近海发现了黑烟囱，他就在研究之外还从事另一个项目——为新西兰首都威灵顿的蒂帕帕自然学博物馆开发一个去黑烟囱的虚拟潜水游。由于恐怕只有很少的人会有机会亲身钻到海洋的深处,他至少要给他们机会在博物馆里观看它。

不久前他的作品竣工了。现在每次可以有 10 名参观者坐进仿制的潜水器，然后他们在录像和科尔内尔·德隆德的解说声的陪伴下"潜入"深海。"工程师们干得真棒。"他高兴地说,"潜水器甚至咯咯吱吱地摇晃,跟现实中一样,惟妙惟肖,现实中潜水器在深海的水压下也会这样。""下潜"不久录像屏幕上就出现黑烟囱的照片。"参观者看到冒烟的烟囱和那些动物,那情形几乎就像他们亲临那下面一样——通过这样的方式了解在我们的近海有着多么摄人心魄的风景。"

我陪同科尔内尔·德隆德和彼得·赫泽格来到外面甲板上呼吸会儿新鲜空气,监控室里的空气变得令人窒息。我们即兴用厨房里新烤的面包在一堆固定好的木架子上来了一次野炊。走出集装箱的幽暗,低垂的斜阳照得人眼发花,蓝色太平洋在暗淡的色调里闪亮。几乎无法想象,此时此刻,在汹涌的海平面之下 1600 米,ROV 正在仔细观察满是神奇生物的风景，从船上都无法意识到黑烟囱的存在。"问题就在这里。"彼得·赫泽格叹息道,"需要大费周折,才能在深海找到它们。"

海底的动物和风景将我完全吸引住了,但有一点我还不明白:海底怎么会形成这种热泉呢?

彼得·赫泽格借去我的笔记本,画了一幅黑烟囱的简图,"这其实是一种循环,"他画下一根从海面通往海底的长箭

头，“在深处的压力之下不断有海水被压进地壳，通过裂隙和小孔往下渗透。视距离岩浆层或地幔远近，那里的温度在300℃~800℃之间。”

赫泽格继续画箭头，在旁边记下化学元素公式：“水在穿过地壳的途中跟那里大量存在的硫化氢发生反应。下沉越深，加热得就越厉害。这样一来，含硫的水又渐渐向上升起，同时盐、痕量元素和重金属从地壳里脱落——比如铜、锌、银和金这些矿物质。最后巨热让这一混合物向上射，在海底寻找一个溢出位置。”他从地下画出最后一根箭头，“在那里，它喷进寒冷的深海，一个黑烟囱就这么形成了。”

我问深海里是不是到处都有黑烟囱，他听后摇摇头：“不，它们只出现在地壳薄、有孔隙、有海水到达岩浆气泡附近的地方。因此主要存在于火山地带，比如大陆板块的断裂地带附近。”

“就像这里，毕竟我们就处在一座火山上方。不过，别担心，它目前不活动。”科尔尼尔·德隆德含笑说道。直到现在我才得知，这次考察主要集中在一座深海火山冷却的火山口上。火山名叫兄弟火山。德隆德1996年发现兄弟火山，从此对它进行了越来越深入的调查。一开始他还不知道这座火山旁也有黑烟囱，而兄弟火山今天被当作世界上黑烟囱最活跃的地点之一。

德隆德从裤兜里掏出一张折叠的A4纸，铺开在木架子上。那是一张图，上面画有一座山的轮廓，从深紫色到绿色分梯级标出了高度。“这张地图是我们借助回声测量器绘制的。它不是很精确，但看得出，兄弟火山的巨火山口，”——研究人员称特别大的火山口为巨火山口(Caldera),这个词来自西班牙语里的汤盆的表达法——“位于海平面以下 1600~1800 米深,直径差不多有 3000 米。”他指着西北方的一个位置,它位于巨火山口内侧,“ROV 此刻差不多是在这儿。”

德隆德从监控室里取出一张南太平洋航海地图,摊开在巨火山口旁,手指沿着从新西兰的北岛向东北延伸的一根深蓝色的线画去。“兄弟火山属于新西兰沿海的整个火山链,我们至今数到了 32 座,它们是克马德克岛弧的一部分,一条 1200 千米长的水下山脉,可以说是新西兰高山牧场在深海的延深。克马德克岛弧的山脚位于海底约 3000 米处,它的山巅高耸在 1000 米深的地方。”

我了解到,克马德克岛弧跟地处东方很远的 10047 米深的克马德克海沟一样属于太平洋火环,一个地质断裂带,它环绕太平洋一圈,从新西兰经日本和阿拉斯加南下,直到南美洲近海。凡太平洋板块与其他大陆板块相遇的地方,到处都形成了海沟、山脉和火山——陆地上和水下都有。而新西兰就位于一个所谓的潜没地带——在这里,太平洋板块缓慢潜移到澳大利亚板块下面,将它抬起。岛国新西兰就是这样形成的——因此这里至今都不断发生地震和火山爆发。

这个地区每年平均发生 14000 次大大小小的地震,新西兰人给他们的国家取了一个别名——Shaky Islands,颤抖的群岛。“它让我一再想起,我们是生活在一个不断移动、缓慢冷却的星球上。”地质学家德隆德兴奋地说道。

研究人员估计,有待发现的黑烟囱要比他们至今认识的多得多,特别是沿着太平洋火环。还不仅是在那里,他们已经

在几乎所有水下的火山带发现了黑烟囱，在大西洋里的中洋脊旁也是这样。那里有业已发现的满是黑烟囱的最大区域之一，研究人员给它取名“失落的城市”，因为它的许多塔柱和烟囱让人想起一座沉没的大城市的轮廓。

到目前为止，全球大约有 200 个地方发现了黑烟囱。研究人员会不厌其烦地强调，他们至今只调查过深海的 1%~2%及整个海底总面积的 5%左右，每勘察一次发现地的清单都会变长。

“现在来谈谈工业界也对黑烟囱发生兴趣的部分。”彼得·赫泽格接着说，他在笔记本上画下从黑烟囱延伸向海底的箭头，“从地壳脱落的矿物质在热水溢出位置的周围落到地面，几年之内就长出烟囱了。同样的事情也发生在烟囱周围。矿物质也沉积在海底，这样就大面积地形成了有可能远远超出百米厚的岩层。我们地质学家称之为块状硫化物，冷却的硫化物。矿产工业关注起这些块状硫化物，因为这些岩层里铜、锌、银和金的含量极高。这些都是陆地上越来越稀少、越来越珍贵的原材料。”

彼得·赫泽格放开笔记本，那页纸上画满了箭头、数字和公式。“儒勒·凡尔纳说得对，”他结束他的介绍说，“早在 130 年前他就在他的《海底两万里》一书里让他的船长尼莫说，海底有锌、铜和金矿，有可能很容易开采。”他停顿一会儿，又补充说：“这恐怕不会容易，但完全有可能。”

法国作家儒勒·凡尔纳的这部冒险小说问世于 1870 年，当时人们还根本没有勘察过深海。直到两年后英国研究人员才起航出海，首次带回了深海生物和挂在他们网里的海底岩样。而儒勒·凡尔纳当时就凭惊人的幻想描绘了今天开始成为现实的东西——从深海开采矿藏。

他们的名字听起来具有冒险欲，野心勃勃。这两家公司分别叫作鹦鹉螺矿业公司（Nautilus Minerals）和海神矿业公司（Neptune Minerals），前者取名自儒勒·凡尔纳的《海底两万里》一书里尼莫船长的潜水器"鹦鹉螺"号，后者根据罗马海神命名，他们率先获得了开采黑烟囱矿石的许可证。这一行业兴起于20世纪80年代末。当时一组研究人员在太平洋岛国汤加近海的一座黑烟囱的岩石里发现了每吨30克的金子，引起了工业界的关注。这些研究人员中就有彼得·赫泽格，他当时就在专门研究黑烟囱了。他记得，这一发现让当时已知的相关矿产地都相形见绌了。"陆地上的矿产地每吨只要有一克金就被作为有利可图、可以开采了。人们认为每吨30克金根本不可能，可它们在黑烟囱附近成了现实。"

虽然每吨30克一直是至今未见重复的纪录，研究人员在黑烟囱旁发现的含金量平均在每吨5~20克之间，可就连这些含量也被当作极高。就像其他金属含量一样，在黑烟囱的块状硫化物里每吨含银最高达1200克，含锌50%，含铜15%，比起陆地上开采的矿藏，平均浓度为10倍左右。

矿业公司很快就开始跟彼得·赫泽格和其他海洋地质学家联系，在他们的世界地图上深海至今无关紧要。现在他们派来原材料专家，要他们陪伴海洋研究人员出行。他们带回的成功报告越多，对新发现但难以到达的矿产地的兴趣就越大。

彼得·赫泽格及其同事们感激地接受了对他们的勘察的支持，他们就这样开始指给地球上的掘金者进入深海的道路。“我认为，科研某个时候也必须派上点用场。”彼得·赫泽格很难理解我对他与采矿业的合作的吃惊，“许多人似乎相信，他们每天需要的原材料，是从天空某处掉下来的。可事实并非如此。这些原材料必须靠辛苦的工作才能得到。在矿石方面，目前主要发生在陆地上，但不久也可能发生在深海里。”

行业巨头普顿公司（Placer Dome，现已被加拿大的 Barric Gold Corporation 收购）是第一个冒险挺进的。这家企业于 20 世纪 90 年代中期与其他大胆的投资者一起成立了鹦鹉螺矿业公司。

早在 1996 年，这家加 - 澳新企业就申请到了全球第一个深海矿藏勘探许可证。在巴布亚新几内亚近海——巴布亚新几内亚跟新西兰一样位于太平洋火环上——研究人员获得了大有希望的海底试样。彼得·赫泽格又在这些研究人员之列。自 1996 年起鹦鹉螺矿业公司越来越准确地勘察巴布亚新几内亚近海的海底，想在那里启动全球第一个深海采矿项目。

如今，这家企业甚至为一个名叫 Solwara1——土著语里“海水”的意思——的地区在莫尔兹比港向政府申请了开采许可证，动工日期也已经确定——2012 年第一季度，鹦鹉螺矿业公司将在巴布亚新几内亚近海开始深海采矿。

Solwara1 号位于一座深海火山的侧翼，在 1700 米深的地方，这个可开采区域的面积有 15 个足球场那么大，鹦鹉螺矿业公司希望在那里开采到 150 万吨矿石。“相比于陆地上的露天矿，这个开采量偏少。”彼得·赫泽格分析说，“吨位，也就是可开采岩石的量，在黑烟囱附近经常不是很大。但是，由于金属含量极高，还是值得开采。”鹦鹉螺矿业公司从海底试样中发现每吨平均含有 14 克金、224 克银、11%的铜和 4%的锌。

“另外，这些公司可以让他们的开采船从一个地区驶往另一个地区。”彼得·赫泽格说。可以说是作为浮动的矿，取走深海最好的东西。“这样一来，昂贵的深海新技术的高额投资也值得了。”

2010 年年初，鹦鹉螺矿业公司的主要股东包括采矿业最大企业中的好几家：英美资源集团（Anglo American）、泰克资源（Teck Resources）和俄罗斯的 Gazmetall 公司几乎占有一半股份。彼得·赫泽格认为，“这一切都是大集团堆积的风险资金”。采矿业的赢利还从未像 2008/2009 年金融危机前那几年那么高过。金、银的价格，也包括钢铁电子工业需要的铜和锌之类的有色金属的价格涨得那么厉害，这些企业能够允许自己也对此前被当作冒险的打算进行投资——像深海这样。

当鹦鹉螺矿业公司 2007 年上市时，这家企业的价值达到 2.5 亿美元。这要比希望的高，但又嫌少，无法长期经营。“在长达多年的费用昂贵的勘察工作之后，如今公司肩头承受着巨大的压力。”赫泽格报告说。从深海里还没有开采出一克金子来,鹦鹉螺矿业公司还没有证明,它真能实现它的野心勃勃的目标。但是,随着申请到的开采许可证,现在机会要比从前好了。

在鹦鹉螺矿业公司的影响下,第二家怀有类似计划的企业成立了。区别有一个:这家规模小点的海神矿业公司,办公室分别设在英国的伦敦和澳大利亚的悉尼,它不想在巴布亚新几内亚近海开始海洋开采,而是要在新西兰附近的深海,而且就是在“基尔 6000”号目前正在勘察的地点——在兄弟火山的巨火山口。

这家企业开始时曾在伦敦交易所注册过,自 1999 年起它就开始勘察新西兰近海的黑烟囱了。公司解释说,选中这个区域是因为这里已经被很好地预先勘察过。因此科尔内尔·德隆德及其同事们的工作结出了首批果实。德隆德估计,新西兰海底金、银、铜、锌的总藏量有可能价值 5000 亿美元。这个数字吸引工业界,这不奇怪。彼得·赫泽格和科尔内尔·德隆德对他们作为深海先驱的角色十分骄傲。

2008 年 7 月,海神矿业公司同样开始不光申请到目前为止的深海勘探许可证,而且申请开采许可证。它们想在兄弟火山和沿新西兰的克马德克岛弧的另外 12 座火山开采金属。但企业究竟何时开始在深海海底挖掘,尚未确定。海神矿业公司 2009 年撤回了它在伦敦交易所的登记,据说是准备重组,然后动用新的力量继续干。科尔尼尔·德隆德还报告说,海神矿业公司至今既没有必要的开采技术,也没有进行足够的钻探,查明什么位置值得开采。

但海神矿业公司还是宣布,开采新西兰近海黑烟囱的计划不变,它们想尽快开始。

大多数专家坚信,虽然全球的经济衰退会导致间歇性暴跌,从长远看,世界市场上的金属价格会继续走高。首先是人口的增长和中国、印度这些新近崛起的国家急增的原材料需求将导致这样,虽然"太阳"号船上的研究人员不相信深海开采会取代陆地上的采矿,因为陆地上也在不断发现新的矿产地,但深海很快就可能取代它们。

最新发展似乎证明了他们的分析是对的。2009 年年底鹦鹉螺矿业公司和海神矿业公司受到同行业两个重量级对手的意想不到的竞争。南非黄金生产商英美黄金阿萨蒂公司(Anglo Gold Ashanti)和世界钻石市场领袖戴尔比斯公司(De Beers)成立了一个合资公司,正如这些集团在交易所公告中宣布的,该公司同样是要寻找深海的"贵金属和矿物质"。

两艘船已经做好准备,要在数千米深处勘探黑烟囱和块状硫化物。它们是从一个已经让戴尔比斯在海洋技术上拥有一些经验的项目租借来的:这家集团已经在纳米比亚和南非的近海挖掘钻石几年了,在大约 200 米深的水下,并取得了很大的成功。现在他们要使用这一技术向更深的水域推进。

英美黄金阿萨蒂公司和戴尔比斯公司至今没有透露,准备何时何地开始这一计划。据说还在跟各沿海国家进行交涉,目标区域分散在全世界。但它们又强调,这回不是为了钻石,而是为了在黑烟囱附近会发现的金属。戴尔比斯公司说,万一找到了钻石,那将是一个喜人的副作用。

对深海最佳矿产地的竞争开始了。鹦鹉螺矿业公司如今不仅拿到了巴布亚新几内亚近海的勘探许可证，而且也拿到了太平洋中的汤加、斐济和所罗门群岛的勘探许可证。申请和批准的许可证地带总面积达 51 万平方千米，相当于一个西班牙那么大。

鹦鹉螺矿业公司甚至申请或租赁了总共 61.1 万平方公里的面积。它位于新西兰、密克罗尼西亚、瓦努阿图和巴布亚新几内亚近海及马里亚纳群岛、帕劳近海的申请区域，日本海岸沿线和意大利的海底。

“是的，意大利。”彼得·赫泽格证明说。他说几年前在地中海的西里西亚和那不勒斯之间发现了黑烟囱矿藏的线索，最大深度达到 1000 米。实际上这并不惊人，在陆地上意大利南部也有许多火山——水下同样如此。非洲板块在这个地区缓缓潜入欧洲板块之下，因此该地区注定了会有黑烟囱。

于是莱布尼茨海洋科学研究所的地质学家们开始了在意大利近海勘察矿藏。鹦鹉螺矿业公司从一开始就出钱参与了，并将自己的专家派上船。“这纯粹是基础研究。”彼得·赫泽格汇报说，“要弄清硫和其他气体的含量有多高，哪些动物生活在那里，有些什么金属。”一旦证明矿藏值得开采，深海采矿也会在地中海成为现实。

科林·德韦从集装箱的小门探出头来，招手叫我们回监控室里去。监控器上的图变了，飞行员们驾驶 ROV 在穿越一道地面岩层闪着红光、黄光的风景。这里不见有动物，有些地方的形状让人想到巨大的牛粪，另一些地方形如烟道。零星地有黑烟掠过，它们可能来自附近的活动的黑烟囱。ROV 来到了鹦鹉螺矿业公司看中的地点之一。

“黑烟囱太高的话，就会崩塌。”科林·德韦请求 ROV 飞行员潜近岩石。我们面前是一座倒塌的烟囱，可还能认出它的圆形口子。“有时这发生在几年之后，有时是几十年或几百年之后。然后要么生长出一座新的黑烟囱，要么热泉熄灭整个地带慢慢冷却，那时看上去就像一块巨大的牛粪。”研究人员在大西洋里发现了一个地方，那里的一块这种“牛粪”直径就有数百米，厚度达 150 米。

“顺便说一下，那时候动物也同样消失。”科尔尼尔·德隆德补充说，“因为它们的食物源枯竭了。我们不知道，那时候黑烟囱的居民会迁去哪里。也不知道它们如何迁移或者这些动物到底从何而来。我们只知道，冷却区域的生物极少。”

采矿工业要用钻挖设备战胜这些冷却的岩石沉积物。“太阳”号上的地质学家们强调说，本来根本不应开采活跃的黑烟囱，因为在一篇刚刚发表的 Solwara1 项目的环境研究论文中，鹦鹉螺矿业公司介绍说，冷却的岩层中间很可能存在活跃的黑烟囱。那一年他们在新的地点发现了热泉，另一些黑烟囱却消失不见了。人们还不明白，他们会如何对付妨碍他们开采的无数群落生境。虽然他们想避免接触黑烟囱腐蚀性的热水——哪怕只是为了保护最新研制的昂贵的深海挖掘机，可很可能会有几座黑烟囱成为采矿的牺牲品——连同它们的居民一道。

这种预告向许多海洋研究人员拉响了警报，因为即使绕过活动的热泉，人们还根本不明白，海底的陌生动物会对采矿业的入侵做出什么反应，如果就在它们的近旁钻井挖掘，生态系统能否恢复。黑烟囱对海洋中的其他生命有什么意义,对此还没有总结性研究。同样人们不明白可能的变化会对食物链和鱼类生活带来什么后果。

彼得·赫泽格、科林·德韦和科尔尼尔·德隆德也知道,有关深海开采的环境后果问题多于答案。他们认为,不能完全避免对深海生活空间的入侵。但他们坚信,能够既利用海底的原材料,同时又保护海底的居民。他们说,要想就此做出具体的行为建议,他们还得先更多地了解海底的生态系统。

傍晚,灯光照得"太阳"号的甲板明晃晃的,研究人员和水手们在船尾等待"基尔 6000"号从下面钻上来。船上气氛轻松,除了"尖珠母"导航系统掉落了和一个录像信号里有几处轻微干扰,新机器人的首次下潜成功了,不仅从技术角度成功了,谁也没料到,他们首次出征就会发现黑烟囱。

巨大的绞盘不停地慢慢卷起机器人的线缆,监控室里深度测量仪还显示着 1200 米。监控器上黑洞洞的,只有雪花似的飘落向地面的零星白颗粒。还要差不多半小时,ROV 才会出现在水面。

托马斯·库恩和马丁·皮珀尔跟科林·德韦在研究接下来几天的工作计划。他们这回测试了机器人的基本性能,下次下潜将首次使用它的抓臂——那是机器人最重要的功能。下一回 ROV 飞行员要在一个满是黑烟囱的区域从海底提取岩样,只有这样——或在钻探的帮助下——他们才能确定各地点的金属沉积物到底有多大价值。ROV 的抓臂也是其他调查必不可少的,研究人员可以在它上面安装网具、玻璃试管或气体和温度测量仪。他们要通过这种方式，学着越来越精确地分析黑烟囱的生活空间——在其他的深海区域也一样。

研究人员知道，他们必须抓紧时间，才能回答有关深海开采的紧要问题，因为看中海底原材料的工业界的速度越来越快了——地质学家们自己用他们的基础研究打开了通向深海的大门。长期以来他们主要集中精力勘察海底的金属含量。现在彼得·赫泽格、科林·德韦、科尔尼尔·德隆德及其同事们希望找到一种中庸之道：在仔细权衡所有风险之后保护性开采深海。于是他们的工作成了跟时间的一场竞赛。

“基尔 6000”号的下回下潜定在两天后开始。

深海生物普查

永恒黑暗中的神奇发现

房间里弥漫着酒精和海水的刺激气味，里面的门打开了,一名穿白大褂的年轻女子走进来。她抱着一只大约 1 米宽、0.5 米高的灰塑料箱,在我身旁放下。拎起箱盖,气味更浓了。箱底摆放着大约 20 只玻璃圆瓶,有大有小,瓶里装满液体,分别用白色和红色的盖子拧紧了。卡洛拉·德克尔将一只玻璃瓶举在我俩的脸之间。黑色小树枝在瓶里轻轻晃荡,树枝两端粘有指甲盖大小的橙色胖乎乎生物。

“这是珊瑚。”德克尔解释说,“树枝是黑珊瑚,橙色的叫作单生珊瑚。”她在撰写她的海洋生物学博士论文,专门研究深海生物,“这些试样是刚刚送到的,来自地中海的一次勘察活动,这些动物采自大约 1000 米深的海里。”我吃惊地盯着她:“地中海里的珊瑚?在又冷又暗的 1000 米深的海下?不是只有光线充足的热带水域里才生长珊瑚吗?”

“是的,直到几年前我们都还是这么想,教科书里也是这么写的。”德克尔回答说,“可后来在挪威近海发现了完整的珊瑚礁,在 300 多米的水下,在冰冷的温度下,珊瑚礁上长满了珊瑚，无数的鱼在里面游来游去。很显然，这种冷水珊瑚已经存在数十万年了，只不过刚刚才被发现。”

她将玻璃瓶放进一张白橱里，橱板从地面直通到屋顶。房间里摆满一排排这种橱，墙壁上也挂满了。明亮的氖光灯照得房间里亮闪闪的，橱里摆满玻璃瓶、透明的盘子和塑料容器，几乎没有一厘米的空位，地面上也没有。法国海洋开发研究院设在布雷斯特的这座深海实验室是个珍奇生物的宝库。

我们沿着一排排橱往前走。一只瓶子里，长长的触须蜷曲在一条章鱼拳头大的头旁，旁边，一只多皱的巨虾虾壳贴在玻璃瓶内侧。再远一点，手掌大的稍胖的生物堆在一起，身上到处都有短短的触手。上面的板上，一条苍白的鱼没有生气的眼睛盯着我，肿唇后面伸出一长排又短又尖的牙齿。沿着额头的两块垂肉之间钻出一根刺，刺尖上包着一只圆球。鱼身显得又圆又笨。

“这是条琵琶鱼。”卡洛拉·德克尔指着球形的刺尾，“里面有发光的生物，琵琶鱼将它钓竿似的举在身前，它就这样将受害者直接诱进它的吻里。”她微微一笑，“许多人相信，深海里到处都有可怕的怪物。我承认，那下面的有些动物样子确实古怪，可它们当中有许多也很漂亮。”

接下来的通道里摆满盛有淡黄色蚌、浅红色蟹或银色鱼的玻璃瓶。所有瓶子都有一个共同点——它们都装满一种透明液体，直到瓶口。“福尔马林。”德克尔解释说，“溶解在水里的甲醛，一种酒精，味道有点刺鼻，需要适应才行。可惜几年一过它就让这些动物失去了颜色。我们还在寻找更好的保存方法。而甲醛会让所有的生物过程停止。”因此，它是理想的物质，适合用它将生物贮藏数十年，而不会蜕变。

橱板上贴着黄色纸条，有手写的美迪高（Medico）、维京（Viking）或地外火星（Exomar）之类的名字。“这是科考活动的名称。”卡洛拉·德克尔解释说，“比如，美迪高是去地中海南部，维京是去挪威近海的大西洋北部，地外火星是去中洋脊。”维京之行她自己就在船上待了数星期，“航行期间我们尽可能多地搜集了各种动物，使用机器人的抓臂、网具或其他容器。然后我们将它们存放在这里，直到我们有时间检查它们。”

房间里面的门又打开来，“对不起，我来迟了。”一名目光含笑、60岁左右的男人向我们走来，跟我握手。他身穿棕色灯芯绒夹克，戴着圆眼镜。“我是丹尼尔·德布吕埃尔，很高兴认识您。我看出来，卡洛拉已经向您介绍过我们的一些家养动物了。好吧，欢迎来到深海实验室，这是我们海洋开发研究院这儿的工作核心。”

布丽吉特·米勒坚持来布雷斯特市中心的酒店接我。当法国海洋开发研究院的这位新闻发言人驾驶她的雷诺小车出城时，布列塔尼的风景逐渐将我深深吸引住了。布雷斯特位于法国的最西北，在我们身旁，灰棕色的礁石陡峭地落向大海，下面很深的地方，大西洋的风抽打着岩石。地平线上，在海湾对岸，延伸着翠绿色的丘陵，可以辨认出上面的幢幢石屋和一座灯塔。

“丹尼尔·德布吕埃尔如果不在海上，就是在出席世界各地的国际性会议。所有人都想找他讨论，尤其是有关黑烟囱的问题。他是这个领域国际领先的研究人员之一。"她做了个大手势,"他完全就是一部移动的深海词典,毕竟他领导我们的深海实验室好多年了。"

吸引我来这里的是生物学家丹尼尔·德布吕埃尔及其同事们的名声。我对全球入侵深海的情况了解得越多,我心中积聚的问题也就越多,我希望在法国海洋开发研究院找到这些问题的答案:覆盖着地球的一半、至今只有少数人钻进去过的是怎样一个生活空间?它是怎么形成的?有哪些动物生活在那里,对原材料的新追逐会对它构成什么样的威胁?如今有许多研究机构试图找到这些问题的答案,在德国也是。在法国海洋开发研究院,深海研究的许多线索都汇集在这里,这是欧洲的其他任何地方都比不上的。

布丽吉特·米勒在环行交通中带我前往布雷斯特－伊洛瓦斯技术园。一会儿后我们停在一道栅栏前,然后被允许进入研究院的地皮。引道旁边,一块大牌子上画着一条海豚,很醒目。在研究院徽章和"Ifremer"的缩写下面写着它的全名——法国海洋开发研究院。

当这家国家研究院最早的前身海洋渔业科学和技术办公室于1918年成立时,法国政府主要是为了调查鱼总量,改良渔业方法。法国海洋开发研究院在法国的4个分部和塔希提海外部门的一个分部至今还在执行这一任务。从20世纪60年代开始,随着海洋开发委员会的成立,又一个法国研究机构致力于原材料和海洋环境研究——同时也越来越多地研究起深海的黑暗区域。

两个研究机构于1984年合并成法国海洋开发研究院,

今天它拥有年预算2.35亿欧元，这几乎相当于基尔的莱布尼茨海洋科学研究所的预算的4倍。法国海洋开发研究院拥有1500名工作人员,7艘科研船,2艘载人深潜器("灰喜鹊"号和"鹦鹉螺"号)和1台名叫维克多的深潜机器人,它也能下潜到6000米深，这些规模让法国海洋开发研究院能在深海研究中扬名全球。

我们的车经过主道两旁长排的两层水泥建筑,研究院留给人荒凉的印象。"这有可能,"布丽吉特·米勒说,"可您不觉得,景色弥补了这一点吗？"道路尽头,一排树木后面可以看到布雷斯特的辽阔海湾。果然,这地点适合一家海洋研究院。米勒在最后一排建筑物旁停下车,"这道门通往实验室。"

深海实验室的领导在我前面沿着一排排的橱慢慢往前走。"您在这儿见到的,是我们接下来几个月要做的工作。"德布吕埃尔终于转过身来说道。研究人员仍然不知道,玻璃瓶里保存的是已知动物种类还是至今都没有名字的生物,橱里的是后一种情况。德布吕埃尔介绍说,每次考察活动研究人员都会捞上来数百种未知生物。它们中有些像微生物一样小,另一些像来自较浅水域的鱼或虾,但有着完全不同的繁殖机制、咀嚼工具或感觉器官。深海居民的多样性一次次重新征服研究人员。

而法国海洋开发研究院的生物学家们勘察深海不仅仅是为自己的研究院服务,他们的工作是全球最大的科研计划之一的一部分。从2000年开始,80个国家的2000名海洋研究人员就为这个项目联合在了一起。在德国,由森肯伯格海洋生物普查研究所主管。在其设在威廉港的分部——德国海洋生物多样性研究中心——生物学家们收藏着所有德国研究机构在世界大洋里的全部发现,并分门别类。海洋研究人员的目标是统计海洋里的全部生物,给它们取名——这是一个庞大的计划。

“您过来,我要给您看点东西。”丹尼尔·德布吕埃尔为我拉开实验室的门。在相邻的建筑里我跟随他穿过一条长长的通道和三间彼此相通的办公室,沿墙橱板上的塑料包装里装着大规格的录像带。所有的桌子、椅子,就连窗台上都铺满了录像带。

在最后一间办公室尽头我们来到一道门前,门后是个光线暗淡的房间。“我们的剪辑室,我们在这儿观看我们的考察录像。”德布吕埃尔解释说,这时一个男人从幽暗中走出来。“我可以介绍一下吗?”德布吕埃尔跟他打招呼说,“米歇尔·古洛,他领导我们研究院的录像科,我们过去几十年拍摄的深海照片和录像都掌握在他手里。”米歇尔·古洛微笑着补充说:“我向您保证,这不少。”他指着剪辑台上的五盘带子,那后面有两台大监控器和一台电脑,“我找出了我从几次考察剪辑的合集,这样一来我就不必用考察行程中拍摄的数小时录像原件让您感到无聊了。”他微笑着说道,“对研究人员来说,重要的是能够一次次完整地查看全部资料,因为也许头一回看时漏掉了一种动物。但要获得一个总体印象,这盘带子更合适。”我和德布吕埃尔坐下来,古洛将第一盘带子塞进放映机。

一根橙黄色、有钟形挂件的棒在水里蛇行,身后拖着个由灌木丛似的触须组成的花束，挂件看上去宛如由液体的、还在燃烧的玻璃组成。很难说清那东西有多大，周围黑洞洞的，没有任何参照物帮助辨别方向。“这是一只管水母，”丹尼尔·德布吕埃尔向我解释说，“实际上是多个水母的聚集。每只‘钟’都是一个单体动物，但它们总是成群出现。”我了解到，这只管水母大约40厘米长，但这个物种的有些代表有可能足足50米长——管水母属于海洋里最贪食的强盗。

紧接着出来一个发出淡紫色光芒的生物，弯曲、伸直，薄薄的织物像件芭蕾舞服绷在它鼓鼓的身躯上。“这是一根海参。”丹尼尔·德布吕埃尔解释说。我吃惊不小：这个迷人生物的灰绿色弯身躯显得单调，与我在地中海潜水时认识的海参毫无关系。它动作优雅地消失在黑暗里。

接下来是动作威严的红色章鱼的照片，螺旋状的金色扇形物，丹尼尔·德布吕埃尔向我介绍那是珊瑚，长臂、臂端有蓝球的生物，像是突岩上的精品灯具。一条鱼靠三根延长的腹鳍踩高跷似的跳跃着往前，一条白虾张开它的螯，那螯看上去就像超大尺寸的丝绒手套。

接下来的半小时里有那许多各式各样、稀奇古怪的动物从毛玻璃板上游过、爬过、跳过或舞过，我开始理解，要想概括了解这个巨大的生活空间肯定很困难。如何描述那些之前从未见到过的动物呢？它们似乎更像地球外的生物，而不像鱼、蠕虫或水母。不知道它们到底是如何生活的、究竟生活在哪里，因为它们只是偶然出现在一台机器人或潜水器的探照灯光里，旋即又重新游进了黑暗。

“不错，每一次勘察我们都会发现让我们无言以对的生物来。"丹尼尔·德布吕埃尔朝着监控器方向点点头,"您要是愿意,您可以花上好几天时间来看这种照片。这正是海洋生物普查研究所面临的伟大挑战之一——我们工作的速度根本比不上我们发现新的动物种类的速度。"

在深海里研究人员也意外发现了一个让他们暂时无法解释的现象:永恒的黑暗中存在光亮,不停地闪烁发光陪伴他们的下潜至今,即使是在数千米深处。"仔细观看时我们明白了,这亮光来自动物。"德布吕埃尔回忆说。有一回他们发现了排出蓝得耀眼的物质或因其红闪闪的爪子得到"吸血鬼水母"的别名的水母。还有一群群最小的端足目动物,它们身上有发光的亮点;或等足类动物,它们红彤彤的触须和绿莹莹的脚带来神奇的光学效果。

"给我们印象最深的是淡海栉水母。"丹尼尔·德布吕埃尔请米歇尔·古洛往前快进一点, 我眼前的深海突然变成了迪斯科舞厅。闪烁的光带穿过两只水母的身体,水母身上像在进行一场光电风琴演奏,有些颜色亮起,有些颜色熄灭。水母们展开、收缩,五彩纷呈,穿游在黑暗的海洋。

威廉·毕比在 20 世纪 30 年代下潜时就描述过深海里的一种"荧光似的闪烁",但最新的检查方法才破译了这个现象。"我们称之为生物荧光。"德布吕埃尔说道。光度的基础是动物体内的化学反应, 它将能源以光的形式释放出来,或者是那些与动物共生、制造光亮的细菌。"这现象陆地上也有,比如萤火虫。"德布吕埃尔提醒我说,"但深海的生物荧光要厉害得多,五花八门得多。"

发光的目的各有不同,我了解到:深海虱发光是在用它们有斑点的身体引诱同伴。相反,警报水母在受到袭击时分泌一种蓝色光簇，像是在用警报器让较大的动物注意它们,希望它们能吃掉袭击自己的敌人,而它们自己可以趁机逃脱进黑暗。有些动物也用亮光做诱饵,琵琶鱼就这样在额鳍末端的皮褶里藏着一队队发光细菌去散步。它利用了海里分布广泛、营养丰富的浮游生物也发荧光的事实,用它的“钓竿”里的这些细菌像极浮游生物似的光将猎物直接引到它张大的嘴巴前——它只需要闭嘴咬住就行。

丹尼尔·德布吕埃尔解释说，生物荧光恐怕是深海里最重要的求生和交流手段之一。所有深海动物有 80%~90%以某种形式发光——可他们至今只对其中一小部分的认识较为详细。他们最新的调查也针对深海居民的眼睛和其他感官——也许它们中有许多并不像人们至今一直以为的那样是盲的,否则黑暗中的光学表演简直就没有意义了。

“不过,我们担心,将来这些动物发出生物荧光会越来越困难。”由航行和来自农业的毒药、倾倒垃圾和工业界造成的海洋污染今天就已经留下了痕迹。海水越来越浑浊,德布吕埃尔担心,开发海底原材料的计划会加剧这一发展,对那些依赖经常要在数百米外传送或识别生命攸关的光学信号的深海动物的后果尚不确定。

卡洛拉·德克尔将一只玻璃瓶里的试样连沙子一起倒进一只金属筛子,将筛子端到一个水池上方,让它滴水,然后将那堆物质分进一只玻璃浅盘里,往盘子里倒进新的液体。“这事不太离奇,却是我们在海洋生物普查研究所的工作的主要部分。”她微笑着说道，“勘察回来后，我们将试样分类，清点样品。”

德克尔指指房间里，沿着墙壁和房间中央，实验桌上摆放着显微镜、试样瓶和塑料盒，人们来来去去。身穿白大褂的大学生们从仓库里将箱子搬进来，装进试样瓶，或低声讨论。德克尔将她的玻璃盘放到一只显微镜下，拉过一张椅子，透过目镜观看，又拿起一根夹子，将盘子里的内容分类。

我在她身旁坐下。我从侧面认出褐红色的小球，她将它们从一团粉红色的线团里理出来。“我们给试样染色，将生物与沙子分开。”她一边说，一边将小球推到盘子左侧，“所有红色或粉红的，都是生物——只有生物才吸收颜色。”她用左手食指按下一个扁平计数器的操纵杆。咯嗒，咯嗒，一声又一声，当计数器显示“0066”时，盘子里的所有小球都到了左侧，红线团在右侧。

“您想看看吗？”显微镜的放大才让我认识到，小球原来是微小的蜗牛壳，红线团我无法归类。“这是须腕动物门动物，它们大多又细又短，除了生活在黑烟囱附近的这个亚种，巨管蠕虫会长达 1.5 米。”德克尔的任务是将这些动物粗略划分，清点各自的样品，然后试样被送交专家们，他们能够认出具体是哪种动物。

海洋生物普查研究所做到了此前海洋研究中很少见的事情：将世界各地研究机构的工作联网，该项目资助额外的勘察活动及其分析。计划在 10 年内完成，总预算高达 10 亿美元。这笔巨款来自美国的一家私人基金会——阿尔弗雷德·斯隆基金会。该基金会由当时的通用汽车公司总裁斯隆创建于1935年,这么多年来它资助了许多科研项目,重点是进化论和太空的形成。

美国海洋研究人员在20世纪90年代末拿着一个新想法找到斯隆基金会。他们说,不仅是数天空的星星,清点海洋里的动物也已经迫在眉睫了——毕竟深海还像太空一样没有得到研究。他们越来越觉得,查明深海居民对整个地球上的生活扮演着什么角色很重要。基金会决定投资一项至今几乎未受重视的课题,开始慷慨地支持海洋勘察。2000年,海洋生物普查研究所开始行动了。

研究人员提出了三个基本问题:一、哪些物种生活在海洋里?二、它们待在哪里?三、它们有多普及?一旦清点完毕,接下来就是时间元了:从前是什么生活在海洋里?将来又会是什么生活在那里?

计划将海洋生物普查研究所的全部成果收集在一个中央数据库里,人人都可以通过互联网查阅。

该项目又细分成总共17个独立项目,世界各地的研究人员开始分头工作。每个项目都是研究某个地区或海洋里的某个生态系统。于是,珊瑚礁普查项目就考察热带和冷水珊瑚礁的动物种类,一个项目勘察北极地区,一个研究南极地区,深海生物多样性普查项目(CeDAMAR)寻找辽阔的深海平原的居民,在4000~5000米的深处。

在丹尼尔·德布吕埃尔给我的一份简介里称,他们“在知识的极限处”从事研究,为此前往世界上“最大、最老、最热、最黑、最深和内容最丰富的”生活空间,发现世界还从未见过的东西。研究人员的说法并不夸张。

德克尔用一只夹子夹起小小的蜗牛壳，放进一只小杯子。“腹足纲,66,”她在杯子上写完,将它跟一只塑料盒里的其他玻璃瓶放到一排。腹足纲或蜗牛构成一个专门的动物纲。她将那盒子递给她的同事奥利弗·穆谢,他又将小瓶子上的文字输入一台电脑。“66 腹足纲”,他在名为“维京”的表格里记道,这是采集到这些动物的考察活动的名称。他在另一格里输入“中型水底生物”几个字,这是说明动物的大小。“所有 0.3~1 毫米大的动物都归入 Meiofauna（中型水底生物),”他解释说,“所有比这大的,就叫 Makrofauna(较大型水底生物),所有比这小的,就叫 Mikrofauna(较小型水底生物)。”

穆谢往下拉表格,表格里已经有近百个输入了。“‘维京’号勘察活动是在挪威近海进行的,活动中搜集的所有动物都属于在海洋生物普查框架内推动的大陆边缘生态系统项目(COMARGE)。”丹尼尔·德布吕埃尔说,回头看着穆谢。这个由法国海洋开发研究院主持的项目负责调查全球近海的大陆坡。另外,法国海洋开发研究院的研究人员还参与了海洋生物普查的另外六个项目——他们与德国研究人员一道,为深海海洋生物多样性普查勘察大西洋和太平洋里的深海平原，在另一个项目里勘察种类繁多的海底山脉和珊瑚礁,还参与中洋脊勘察活动。

丹尼尔·德布吕埃尔本人的大部分工作是参与国际海洋微生物普查和深水化学合成生态系统生物地理学项目(简称 CHEss)。“深海化学合成生态系统生物地理学项目打算研究黑烟囱附近的共栖和同样建立在化学合成之上的其他生态系统的共栖。”他说道。比如所谓的冷渗,冷的甲烷溢出点,人们是几年前才在海底发现它们的。还有淤泥和喷吐沥青的火山——几乎没人相信——也属于深海化学合成生态系统生物地理学项目的调查领域。所有这些现象附近都有陌生的动物种类在东奔西跑。深海带来的惊喜没有尽头。

奥利弗·穆谢将鼠标箭头移向表格的最后一栏:“这里记录的是我们要将试样寄去、让人将它们分类的地方。”“因为许多样品只是乍一看相似,”德布吕埃尔解释说。“就像卡洛拉刚刚分类的蠕虫和蜗牛一样。”我插嘴说。“正确。”他证明道。可只有对一个门外汉来说才是这样,专家们在采自深海的每一瓶试样里平均发现90%的陌生物种。并非总是令人窒息的离奇古怪,蜗牛壳旋转方式的不同、器官的排列或毛发的差异都可以是一种新物种的线索。

卡洛拉·德克尔的蜗牛是要寄给巴黎的国家自然博物馆的。她将把微小的须腕动物门动物寄往德国,寄去威廉港的海洋生物多样性研究中心。“我们主要是与威廉港和巴黎的所谓的分类学家密切合作,那些人专门确定动物种类。”德布吕埃尔解释说。法国海洋开发研究院没有这种专家。“他们仔细研究每一样品,检查那是哪种动物,而分类最后也可能是创造性的,是他们给新物种取名。”

几星期后我就对这份辛苦的工作有了印象:在一次访问位于美因河畔法兰克福的森肯伯格研究所总部的时候,我约好了在那里采访海洋动物学科负责人米歇尔·杜尔凯。他盛名远扬,对全球的深海活动了如指掌——无论是研究人员的还是工业界的。

一条雷克斯暴龙的骨骼高高耸立在我的头顶,一条仅用尼龙绳拴着的翼龙似乎随时想向我扑下来，孩子们激动的尖叫回荡在历史悠久的森肯伯格自然博物馆的主厅里。此刻是上午 9 点刚过，博物馆的大门刚刚打开来。每天有近千人涌进法兰克福大学旁这座具有青春艺术风格的红色建筑里，吸引他们前来的是远古时代的罕见化石和欧洲最大的恐龙骨收藏之一。而只有少数参观者会走错路，走进博物馆二楼里面的一个房间里。那里展出的是发光水母、巨蟹和吓人的深海蜘蛛。几乎无人知道，森肯伯格研究所拥有德国最大的海洋动物学科之一。

“我总是讲：Frankfurt a.M. 不是指美因河畔的法兰克福(Frankfurt am Main)，而是代表海边的法兰克福(Frankfurt am Meer)。”米歇尔·杜尔凯声音浑厚，高兴地说道。这位 60 岁的教授身强力壮，带我走出博物馆主厅，进入参观者禁止入内的范围。经过存放热带鸟类标本的穹隆式展厅，经过放满蝴蝶和甲虫收藏的巨大橱柜，我们来到主楼背后一幢长形配楼里。它的楼上弥漫着类似法国海洋开发研究院实验室里那样强烈的甲醛的气味。“欢迎来到我们的深海科。”米歇尔·杜尔凯宣布道。

法兰克福的海洋研究人员按动物的属划分他们的工作：他们在配楼的顶楼研究鱼，从上往下的第二层楼里坐的是研究蜗牛、蠕虫和海绵这些无脊椎动物的专家们，米歇尔·杜尔凯管辖的科还要低一层，他负责的专业领域是甲壳纲动物，主要是生活在黑烟囱附近的那些。

实验室里堆满试样瓶、显微镜和图书，最里面有位年轻的女大学生俯身在一页纸上。她先是透过一个显微镜观看，俯身趴在纸上，然后又贴近显微镜。她在拿她面前的一张图跟她透过显微镜看到的进行比较。

显微镜下有一只约大拇指长的蟹，可以看到纸上用黑色细线画出的蟹的轮廓。“您在这儿见到的，是分类学的基本功——绘图。”米歇尔·杜尔凯解释她的工作道，“许多主修海洋生物学的大学生都以为他们能躲过这一烦琐的工作，因为今天有数字照片、电影和基因数据库，但人眼仍然是我们最重要的工具。绘图时你才会注意到一只动物身体结构里的重要特征。原则上我们的工作方式跟百年前的研究人员并没有多大区别。”

他指着女大学生用来标明蟹壳里阴影的微小黑点和用利索的线条分开的触须的环节。她正在用平行线画蟹的体侧的细小绒毛，随后画微弯的轮廓，螯的利齿和动物的咀嚼器官。米歇尔·杜尔凯满意地点点头。“只有这样仔细观看，将这东西牢记于心，才能在找到的许多样品中发现一个新物种。不过这工作有时需要花费好多天。”

分类学家们先拿勘察发现的动物跟已知物种比较，生物学教科书、同事们发表的作品，有时互联网里也有它们的绘图。当哪里也找不到他们的样品时，他们就会怀疑那是一个新物种。无法确定时，分类学家们就进行遗传学分析。这一程序既麻烦又昂贵，是检查 A 动物跟 B 动物或 C 动物有没有区别的最准确的方法。如果有，就在科学杂志上发表及重新输入海洋生物普查数据库。自 2000 年以来，仅威廉港的森肯伯格研究所的生物学家就这样介绍了约 500 种生活在 4000~6000 米深海下的新动物。

从海洋生物普查项目启动至2010年，世界各地的研究人员已经在海洋中发现了大约5600种新动物，平均每星期发现12种。其他生物学科目几乎没有一个在这么短时间内取得过这许多新认识。2010年被联合国称为物种多样性年，根据原先的计划，海洋生物普查项目本应在这一年结束,可时间过半时大多数研究人员就明白,到那时候绝对完成不了他们的雄心勃勃的目标。海洋太大了,对黑暗深海的勘察太少了,他们的进展太慢了,普查变成了西西弗斯苦役。

“除了海洋太大太大,主要问题是缺少专家。”米歇尔·杜尔凯说道,全世界只有很少接受过专业教育的分类学家,“几乎没有哪个大学生还选修这个专业方向。这不奇怪,大家都认为它费时费力,肯定有比它薪水更高的工作。”说到这里,米歇尔·杜尔凯想起自己再一次发现一种迄今未知的甲壳纲生物时的成功经历。他批评说,提供给分析勘察结果和培养分类学家的费用还不及提供给考察航行的多。

而对分类学家的需求巨大。“在法兰克福和威廉港的森肯伯格研究所共有大约25名分类学家在工作。”杜尔凯列数说,“相比之下,这在欧洲已经算够多了。但对于在深海里等着我们的工作,这实在是微乎其微。光是我们法兰克福这儿的收藏,我们就可以雇用大群分类学家。”他只是半开玩笑地补充说,“我们分类学家本身就已经像一个濒临灭绝的物种了。”

要整理、清点完一次深海勘察的所有试样,需要长达三年的时间。再要将一个个动物分门别类,发布出研究成果,可能要长达十年,真是漫长啊。尤其是面对采矿业的计划,他们未来几年里也想开采像新西兰近海这些勘察得很少的深海地区。

在总结迄今为止的工作时，设在森肯伯格研究所的深海生物多样性普查项目的新闻发言人布丽吉特也说："我们还没有看到任何能说明我们慢慢发现了深海大多数动物的迹象。"但她还是乐观的。2010年之后，系统地发现海洋新生命的工作也还在继续——但没有了斯隆基金会的资助，斯隆基金会只资助十年。"我们同其他研究人员建立了宝贵的联系，我们想一起继续进行许多项目——由我们自己掏腰包资助。这样，我们推进的速度和规模暂时肯定不会再像此前那样。但我要说，像很多事情一样，在这里道路也就是目的。"

米歇尔·杜尔凯补充说，但还是必须抓紧普查推动的工作。他相信，完全可以对海洋里的动植物种类进行全面的清点。一位同事曾经计算出要确定地球上的全部物种多样性需要多久。"真正的所有生物，不管是陆地上的、海洋里的、冰里的，还是空中的。"原先他总是开玩笑引用这个结果，如今米歇尔·杜尔凯视这一推测为一封政治传单。他在电脑里找到这份文件并打印出来。"全世界需要25000名科学家终身从事这项工作，才能最大限度地绘制出我们地球上的全部物种。"他朗读道。因此海洋生物普查的目标是完全可以实现的。据米歇尔·杜尔凯说，比起天文物理学或分子生物学里常见的，为此必需的资金数目很小，他认为只是缺少政策意愿。

"虽然海洋是地球生命的一个主要组成部分。"他强调说。海洋不仅是最重要的食物供应者之一，为鱼类养殖和旅游业提供工作岗位，最近又成了化妆品和药品的基础。另外它对自然界的整个发展起着主要作用——它储存太阳的热量，接受来自空中、河流和雨中的垃圾及有毒气体。它制造氧气，是地球上最大的水过滤系统。它影响气候——陆地上的汽车、煤炭发电厂或工业设施排出的所有二氧化碳的 1/3 左右是由海洋吸收的，从而防止了大气层温室效应的加剧。

“但我们不可以将海洋想象成一个里面在发生着什么事情的盛满水的浴缸。”米歇尔·杜尔凯解释说，“那些东西是生物，它们在做着所有这些事情，它们处理二氧化碳，净化水，制造氧气。”他歇口气，他想表明谁也不能对深海研究抱着无所谓的态度，深海与我们大家、与我们的共同生活、气候、星球息息相关，“因此，查明那是些什么生物，它们有何作用，它们做什么，它们如何生活——尤其是，有什么会危害它们，意义重大。”

为了回答这些问题，米歇尔·杜尔凯及其同事们不仅研究来自全球海域的最新发现，森肯伯格研究所还拥有一座罕见的历史宝藏。

米歇尔·杜尔凯转动由三根长臂组成的铬杆中的一根，那后面高齐屋顶的橱轻声滑向一旁，露出一条满是试样瓶的通道。与法国海洋开发研究院那里相似，房间里满是有卷帘木罩的橱柜，柜架里直到边缘都摆着盛满龙虾、蟹和小虾的瓶子。杜尔凯从架子里拿起一只高瓶子，瓶子里有只深红色的蟹，蟹的身体有我的手掌那么宽。瓶子显得过时，瓶盖不是常见的塑料螺旋盖，而是一只很沉的玻璃盖，有滴状把儿。

那位生物学家将它举起来。“您能读读纸条上写着什么吗？”蟹下面的瓶底漂着一张发黄的纸，纸上手写着：“泥蟹科，瓦尔迪维亚 1898，1300 米。”我读道，询问地望着他。

“泥蟹科是深海蟹。这个样本是 1898 年在大西洋东南部从 1300 米深处拉上来的。那是德国有史以来的首次深海勘察，他们是乘‘瓦尔迪维亚（Valdivia）’号船出海的。”他小心翼翼地将那只蟹放到一辆带来的平板车上，“这整张橱柜里的东西都是在‘瓦尔迪维亚’号船上发现的。因为有甲醛，这些动物还保存得相当好，虽然也有部分褪色了。那次航行距今虽已 100 多年了，它们至今仍是我们工作的最重要的基础之一。”

在一个狭窄暗淡的房间里米歇尔·杜尔凯从一个架子里抽出多本大尺寸的图书。有一些包在棕色的皮书套里，另一些是用灰色硬纸包装的。当我们小心翼翼地将它们放到活动桌上的蟹杯旁时，有些书里的照片和纸快要掉出来了。这些图书是 1898 年和 1899 年出版的，是乘“瓦尔迪维亚”号进行的首次德国深海勘察的航海日记、绘图集和相册。森肯伯格研究所与柏林洪堡大学的自然学博物馆共同管理那次勘察的遗物。

在那之前只有一次考察大胆地勘察了远海未经勘察过的深处。1872—1876 年，英国研究人员乘坐“挑战者(Challenger)”号起航出海了。他们首次带回了在数千米深的海里钻进他们网里的动物和海底试样。那次勘察震惊了全世界。

“在那个时代，那是一桩让人不敢相信的大胆行为。”杜尔凯一边介绍，一边将画册、航海日记和试样瓶铺开在实验室里的一张桌子上，“当时深海还一直被视作陌生、黑暗的荒漠。”自从费迪南·麦哲伦 1512 年在环航世界时将一根 700

米长的绳子放入大海，绳子没有接触到海底以来，人们就认为这证明了下列事实：大海无穷深，那儿住的只有水手幻想中的巨怪。“挑战者”号和“瓦尔迪维亚”号的航行才开始清除这一想象。

杜尔凯打开一本灰色封皮的书，封套上饰有蛇形图案。他边翻边寻找，“当时德国有位科学家，迫不及待地想勘察这个陌生的世界。”片刻后他找到了那个位置，指着一张黑白照片，一个胡子长长、目光坚毅的男人。他阅读书的标题：《来自世界海洋深处——德国深海考察介绍》，卡尔·昆恩著。

生物学家昆恩生于 1852 年，是在莱比锡上的大学，他连续数年着重调查地中海近海浅水水域的浮游生物。他渐渐坚信，在比此前以为的深得多的水层一定也有浮游生物。他认为微小的蚤目动物和被囊亚门动物、昆虫和构成浮游生物的甲壳纲幼体没有理由不在那里生活，构成其他生物的食物基础。

年轻的卡尔·昆恩怀着浓厚的兴趣关注英国“挑战者”号的考察。由植物学家和地质学家查尔斯·威利·汤姆森率领的考察队从深海里捞起了刚好 4717 种当时未知的生物。卡尔·昆恩坚信，未来将属于海洋勘察，德意志帝国也应该最终加入深海研究的行列。

这位生物学家找到当时在科学事务上起主导作用的德国自然研究人员和医生协会寻求支持，提出一个大胆的要求。“1897 年，他建议由皇家国库里拨给他 30 万马克用来购买德意志深海考察的设备。”米歇尔·杜尔凯从昆恩的描述中读道。这笔数目今天相当于数百万欧元，超出了之前用于水

浅的北海和东海的德国海洋研究的常规资金好多倍。

昆恩提出的是“科学的和爱国主义的理由”:深海勘察十分重要,“只要那些地区的上空飘拂着不可企及和无比神秘的纱巾,就能让我们不落后于其他国家,保障我们在那些地区的勘察中占有一个荣誉席位”。米歇尔·杜尔凯骄傲地从考察报告上抬起头来,“这论据不坏,对不对?极具现实意义!毕竟深海研究至今也是科研和工业国家之间的一场竞赛。”

我忆起彼得·赫泽格在“太阳”号上讲的话。他强调,依靠“基尔 6000”号机器人,德国终于可以参与全球性海洋研究的冠军杯竞赛了。与太空研究相似,在深海里,关键也是要在国际上跻身最早、最快和最好之一,只是社会大众对此的了解至今很少。

卡尔·昆恩在他的报告里回忆说,威廉二世的回答不假思索:“陛下仔细审查了这一申请,表达了他的期望,他希望此次考察获得相称的装备,不要考虑节约,节约会危及安全和成功。”谁也没料到皇帝会这样好说话。1898 年1 月底,柏林国会一致同意了昆恩要求资助费用的申请,6 个月后,匆匆改装成德国第一艘深海科考船的“瓦尔迪维亚”号轮船就在无数围观者的欢呼声中起锚离开了汉堡港。

对于船上的 12 名科学家和水手们来说,这次 7 个月的考察成了一次艰辛的旅程。汹涌的海浪、极端的炎热、酷寒的冰山和突然的深渊让这些几乎毫无海洋经验的研究人员不断经受考验。在保存很好的考察活动的黑白照片上,他们脸部表情紧张。但成功大于昆恩的期望,此次航行轰动了科学界。

卡尔·昆恩为“瓦尔迪维亚”号挑选了英国“挑战者”号没有到过的海域——南太平洋、南极周围的水域和印度洋的大部分。首次测量了非洲至南极之间的海洋深度，又找到了1739年发现、后被当作“失踪了的”布韦岛，研究人员从海底将岩块打捞到甲板上，这些岩块证明南极东部不像此前以为的那样是火山起源地。

卡尔·昆恩行前亲自设计的锁网能精确地在规定深度合上，它们在数百次下潜时从深海捞上来的东西，超过了所有人的预期：艺术味很浓的弯曲的海星星，有发光器官的墨鱼，巨大的虾、蟹，龙睛朝上的鱼及大群极小的浮游生物，也是从4500米深的海里打捞到的。“网被拖上来时，意料不到的丰收令大家惊叹不已，一个个手忙脚乱地绘制和保藏它们。”米歇尔·杜尔凯从配有原绘图和照片的书里读道。

这位经验丰富的海洋研究人员至今还在对这次考察航行的结果表示吃惊。“‘瓦尔迪维亚’号航行彻底改变了有关海洋的认识。”杜尔凯说道，“虽然‘挑战者’号证明了深海底部存在生命，但在水面和水底之间的水层里是否存在生命仍然存在争议。”昆恩和“瓦尔迪维亚”号上他的人马才最终证明，深海的所有深度和所有地带都有生命。他们用杰出的方法证明了这一点。

米歇尔·杜尔凯翻开他从图书馆里拿来的一本皮封套的书，指着书里绘画的一条银色鱼。鼓突的鱼眼望着上方，腹部有蓝绿色的鳞和气泡状的小小器官。用来绘制这条所谓的银斧鱼的薄薄颜料层涂得那么精致，让人感觉是鱼皮本身被粘贴在纸上。

杜尔凯打开让人从两层楼下面的深海鱼科送上来的试样瓶之一——这是来自深海的新发现。他用一根长夹子夹住一条银斧鱼的尾鳍，举起来，对着光线察看。那鱼只有几厘米长，银色鱼鳞闪闪发光，研究人员当时就认出了腹部蓝绿色的气泡是发光器官。有着100多年历史的绘图精确得令人吃惊，每个细节处都画得忠实于原型，栩栩如生。“整整40年之后，研究人员才绘画出了他们的所有发现，确认了它们的身份。”杜尔凯议论说，“这不奇怪，当时还无人哪怕是稍微熟悉深海生物一点点的。”

杜尔凯翻到下一页，那里的鱼都有着吓人的鱼吻。其中有一条，吞噬鳗，似乎只有吻，只有一根伸缩性薄膜连接着巨大的下颚和有着灰黑色斑点的长身躯。另一条鱼身躯长长，卷了几圈，杜尔凯将它拿到书旁。“这条线鳗是最近一次考察捕到的，捕自约800米深的海里。”杜尔凯将这条鱼与绘图比较，“今天我们知道，这条鱼在深海里很常见。可当年他们发现它的曾祖父时，对这动物完全是陌生的。”

接下来的一页，一条琵琶鱼将它的闪光的“钓竿”举在大张的吻的上方。这条鱼身体圆嘟嘟的，棕色，牙很小，鳍透明，被后世永远留存下来了。“瓦尔迪维亚”号的研究人员是最先发现这条今天可能是最著名的深海鱼的。“这是我们如今认识的许多琵琶鱼品种中的一种，研究人员在给它取名时开了个小小的玩笑。”杜尔凯笑笑说，“它的拉丁名叫作Melacocetuskrechi——是根据‘瓦尔迪维亚’号船的船长阿达尔贝特·克赖希命名的。”他指着一张照片，照片上的男人身材魁梧，容易激动的样子，他嘴里衔着烟斗，野性的目光盯着舵轮。“很显然,研究人员看出了琵琶鱼与克赖希船长之间有一定的相似,” 杜尔凯猜测说,“只希望它能幽默地接受这个小小的玩笑。”

今天,每当研究人员检查一种新的深海动物时,他们就拿他们的发现与“瓦尔迪维亚”号搜集及后来制作的样品、绘图和笔记做比较。从事考察成果分析的生物学家们当时头一回确定了数百种动物,它们至今都是全球深海生物学家的基础知识。

“有时候会突然钻出一个自卡尔·昆恩时代再也没有落进研究人员网里的样品来。”米歇尔·杜尔凯报告说,“这自然是一个高潮。”可他们至今都未能开始他们原先的计划:检查“瓦尔迪维亚”号考察活动的试样和绘图,看看自那时以来海洋里发生了什么变化。

研究人员想查出是否可能有个别物种更换了它们的生活空间,今天生活在别的地区,是否可能有些物种繁殖得特别多,而另一些已经灭绝了。他们也想更准确地破译人类的影响:在工业废水、核垃圾桶和巨量塑料垃圾被埋进大海里之前,海洋是什么样的?过去几十年的大肆捕捞对海洋的深水区域造成了什么影响?

像“挑战者”号和“瓦尔迪维亚”号这些历史上的深海考察的遗产是研究人员比较深海的过去与现状、预言进一步发展的唯一机会。仅有最新的发现和认识是不够的。回顾过去,对推测、制作模型和模拟也是必要的。

研究人员的这个打算至今还处于起步阶段,清查深海这个生活空间的现状已经让他们忙得不亦乐乎了。同时,米歇尔·杜尔凯强调说,对当下及历史的可靠数据的需求越来越迫切。“工业界开发深海的速度在不断加快,我们生物学家对深海里新发现的生活空间的勘察几乎跟不上它的步伐。”

“打个比方,那位女大学生在实验室里聚精会神地继续绘画的小蟹,是不久前才头一回被发现的,”杜尔凯说道,“是在一次前往巴布亚新几内亚考察时发现的。那只蟹是全盲,生活在黑烟囱附近。别的地方至今都没有出现过,这个物种估计极其罕见,它的家乡就在鹦鹉螺矿业公司因其海底丰富的金银沉积想尽快开采的地带。”

采矿业的侵犯对深海居民可能造成什么后果,在一家法兰克福博物馆的这间后室里,远离新西兰或巴布亚新几内亚的海底,这个问题的第一个答案显现出来了。我了解到的情况让我无法心安。

“我们在每座新的黑烟囱附近都发现了显然是当地特产的物种,这就是说,它们极有可能只生活在那里,而不是别的什么地方。”米歇尔·杜尔凯报告说,“我们还不知道,幼虫从何而来,生态系统如何补充它们的生物。那是这些深海绿洲上的许多未解之谜之一。”有些动物种类,杜尔凯说,很可能分布很广,如果只在个别地点从事工业开采,能对它们造成的伤害相当小,但个别物种完全可能因采矿集团的挖掘船消灭殆尽。

“问题是我们对这一威胁没有准确的认识,因为对黑烟囱附近的生物的清查也还未结束。”丹尼尔·德布吕埃尔在布雷斯特也这样谈到过,“我们对哪种动物在哪里出现只有一个粗略的想象。比如，如今明白了，在大西洋的黑烟囱附近常有巨大的小虾群出现，而在太平洋的黑烟囱附近主要生活着管状蠕虫部落。但我们不知道，这些动物和无数其他的动物如何从采矿公司计划的那么大规模的侵犯中恢复过来。”

米歇尔·杜尔凯和丹尼尔·德布吕埃尔越来越频繁地成为警告者，成为提醒人们注意海底几乎未知的危险的警告的声音。他们呼吁过分亢奋的海洋地质学家们别忘了他们对深海的生态系统了解得有多少。“要在我们根本说不出那里到底存在什么的地带进行工业开采，”杜尔凯以告诫的声调强调说，“我认为这种行为属于红色警报级别！”

研究人员担心海洋这整个的生活空间，“有可能发生这样的情况——工业的侵犯导致深海里的生物还没被我们发现就消失了。”杜尔凯说道。那些生物，人们永远不会知道它们有何意义，我们能将它们派上什么用场，或缺少了它们都会有什么失去平衡。

丹尼尔·德布吕埃尔坐在他的办公室里，办公室朝向布雷斯特海湾，他从互联网里调出一个蓝色背景的网页，网页中央是一张醒目的世界地图。图上的海洋里可以极其详细地认出深洋脊和近海区域。世界地图的上侧写着“OBIS——海洋生物地理信息系统”。“这里搜集有海洋生物普查的全部信息。”丹尼尔·德布吕埃尔解释说，“使用世界各地700多个较小数据库的输入对这个数据库进行校正，不断更新，它将成为普查的大遗赠之一。”

德布吕埃尔点击地图上方的一格，选中“显示所有记录”

一栏，数秒内海洋里就布满了红点点。“每一个红点代表在海洋里发现的一种动物。”理论上此刻可以显示各物种的全部信息如名称、大小、颜色、分布、食物和回游路线，也应标明所发现样品的重量和年龄。不过海洋生物地理信息系统正处于创建状态，不久就要将它跟另两个数据库——世界海洋生物索引和生物百科全书——联网，还要为所有列入索引的物种提供全面的简介。

在北大西洋里，世界地图上现在就布满密集的红点点，同样是沿着许多海岸及澳大利亚南面的南极地带。许多考察到达过的地方都记载有很多发现。在其他地方，尤其是在远离海岸的海域，只标有少数等距离的红点。它们标注的是那些至今仅从深海里提取了试样的位置。

再点击一下，地图上出现了黄点点。黄点点标记的是鲸鱼、鲑鱼或海鸥的漫游路线，路线延伸数千公里。依靠微小的新型声学发射器，沿海的测量站捕捉它们的信号，海洋生物普查项目的研究人员跟踪信号，将动物们的线路绘制成图。

“到目前为止，海洋生物普查项目已有了总共 24 万种海洋生物的数据。”德布吕埃尔不无骄傲地报告说。其中有 5600 种是普查项目的直接成果。其他种类都是已知的，但更准确地将它们分门别类了，统一了它们的名称，或依靠普查，首次在国际级别公开发表了。截至 2010 年，海洋生物地理信息系统里共记录了一半已知的海洋居民，数据库里有 11.5 万条记录，而这一切只是开始。

德布吕埃尔说，这 24 万种只是研究人员估计的海洋中存在的所有生物总数的一小部分。“根据我们迄今掌握的资料，我们认为，海洋里可能存在高达一亿种生物。”准确数字目前只能猜测，相对保守的研究人员常常只说高达 1000 万种。人们一致认为，至少有 100 万。可这个数字是上不封顶的，因为还有太多未知的。尤其是中型水底生物一组的，也就是所有大小介于 0.3~1 毫米之间的生物，对于我们就好像一只“黑匣子”。几乎不可能推测这一组动物，因为即使是在最想象不到的海域也一再地发现它们的无数代表。研究人员对细菌和其他微生物及寄生虫和共生生物的看法也是这样。

高达一亿的物种，哪怕只是 1000 万——这将是陆地上迄今已知的那许多物种的 8 倍。陆地上有记录的物种共有 160 万种。其中近 50 万种是植物，动物中又有 80%是昆虫。“不过，陆地上也经常会发现新物种，尤其是在热带雨林里。”丹尼尔·德布吕埃尔提请我考虑，“因此那里的数字将来也可能会向上更正。”可是，陆地上新发现的几乎都是昆虫，他们却在深海里不断发现进化之树的整个枝杈的代表几乎总是动物或细菌，研究人员只在深达 200 米的光线能照射到的范围内发现了植物，到目前为止，他们数到大约 4000~5000 种浮游生物和藻类。海洋深处生活着已经发展了数百万年的物种，它们的存在是谁也没料到的。

“必须重写生物教科书。”丹尼尔·德布吕埃尔对此坚信不疑。深海生物为物种多样性确定了全新的标准。“研究它们让我们的孩子和子孙们还有大量工作去做。”德布吕埃尔觉得，作为他的研究活动的最重要遗产——还有海洋生物普查项目的最重要遗产——是为后代的发现奠定了基石。

不管怎样，他们现在知道了海洋里的大型凶猛动物走哪种线路，某些物种的繁殖周期有多长，或深海中的一些最重要的“热点”在哪里，如物种丰富的海底山——美国海洋和大气管理署如今甚至称它为“我们星球上主要的生态系统”，珊瑚礁或黑烟囱又在哪里。

他们也能越来越准确地形容海洋的威胁——虽然这样做阻止不了威胁。他们知道，捕鱼船数公里长的拖网在哪里破坏了珊瑚礁或海底山上的生命，某些鱼类的总量已经如何锐减，或哪里的污染导致海面或海底覆盖着厚厚一层塑料瓶、塑料袋或其他垃圾。因此，几年前就在太平洋中央发现了由被碾碎的塑料零件组成的巨大垃圾旋涡。大西洋和印度洋里估计也有这种旋涡。比如，在那里，工业社会的残余物品也聚积在深达5267米、旅游海滩密布的地中海的底部——只不过除了深海研究人员，没有人看得到那里。

研究人员如今也大致明白了气候变化如何影响海洋，不仅是海水和海底的变暖让鱼类迁移到较凉的地区，使珊瑚褪色，海平面上升，将来有可能让甲烷水合物融化。由于它从空气中接受的那许多二氧化碳，海洋也面临着真正变酸的威胁。那样一来就威胁到了硅藻、蚌和珊瑚这类生物的生存，它们需要水具有轻度的基本酸性才能长出含石灰的壳和骨骼来。海水越来越像含碳酸的苏打水——它是名副其实地变酸了，动物们再也长不出它们的骨骼，连同依赖它们的食物链一起陷进了危险。

因此，海洋早已不再是未被人类“染指”——深海也不是。我们在不知情的情况下，以每次开车、每只满满的垃圾袋和撕食的每一条鱼影响着深海的生活空间，现在又加上对海底原材料的工业开采。

丹尼尔·德布吕埃尔也担心，在有些地区，海洋研究人员有可能到得太迟了。他担心，“在深海，有些动物种类可能会在我们还没有机会研究它们之前就消失”。因为事情迫在眉睫，至今对深海的环境研究还很少。“我们需要更多时间，”德布吕埃尔说，“才能更多地认识深海的生物，而我们的目的不是要阻止任何对深海的工业利用。不是这样，但我们必须能够估计，这些侵犯会对物种多样性和整个海洋系统造成什么影响。那时候才能建议如何能够以环保的方式使用这些资源。”

我了解到，在法国海洋开发研究院，近来有一批研究人员恰恰是在从事这个领域的研究。那是些勇敢的生物学家们，他们旗帜鲜明地主张，不能对深海开采坐视不管。当我听说他们的考察还将他们引向了哪里时，我既吃惊又好奇——通向太平洋底神奇的锰结核和一个今天就已经在数千米深的海底进行开采的地区。

安哥拉曾经是非洲大陆西海岸南部最穷的国家之一，在它的近海的深海海底发现了石油。几年来主要是法国的石油集团道达尔公司(Total)在那里开采。道达尔公司在广告信息和新闻发布会上骄傲地宣布，他们是世界上最早挺进这么深的海洋的企业之一。

我对安哥拉近海的石油开采了解越多，就越明白，征服深海的进展在全球任何地方都没有那里大。因此非洲西海岸的这个国家将是我的旅行的下一个目的地。我想查明,这个雄心勃勃的项目是怎么回事,因为在新西兰近海还是幻想的东西，在墨西哥湾和安哥拉近海这些地方已经付诸实施了。也许我在那里能够了解到,工业的侵犯事实上会对深海物种多样性产生什么影响,道达尔公司在海底进行得是否像它在其用深海鱼装饰的广告里声称的那样小心谨慎。

再过几星期我就将飞去一个几年前还在发生内战的国家了。几乎无人去那儿旅行,而最近安哥拉靠深海开采不仅获得了始料未及的财富,这个国家也开始在世界政治舞台上扮演起重要的角色。

未来就此开始

深海采油及其后果

飞行半小时后我的邻座嘴唇嚅动，捅捅我的肩。我拎起副机长在我们登机时塞进我手里的防声耳机的一只。“我们快到了！”我的邻座对着我耳朵喊道，想盖过直升机螺旋桨隆隆的轰鸣声。我点点头，挪正耳机，重新望向窗外。自从离开海岸线之后，我们周围的世界就是一片蔚蓝。无边无际的深蓝色大海，无边无际的淡蓝色天空，之间的地平线是由炎热和雾霭组成的灰蒙蒙的一条。此刻，距离海岸大约 150 公里，在无垠的大西洋上，我们身下的水面出现了第一批五光十色的点点。

在这上空观看，那些设施显得像玩具船。我们离得越近，它们就变得越大越雄伟。直升机降低飞行高度时，一艘船从我们身下掠过，船中央耸立着一座巍峨的钢架。“这是‘骄傲非洲’号，我们的一艘钻井船！”我的邻座叫道。不久又钻出来另一艘船，一架红色吊车在船上缓慢地转向一旁，我得知那是“一艘特制海底作业船只”。一条快艇驶离那条船，在吊车的大船旁快艇显得很小，它在水中激起一条白色水花，匆匆离去了。

不久后我们身旁升起一道火焰。直升机里的大多数人只抬了抬目光，又继续看他们的书和报纸，而我睁大眼睛，更紧地倚着窗户。直升机围绕一座由钢支撑组成的塔盘旋，塔里还有火焰跳跃，散发出黑烟。这塔标志着一艘巨轮的船尾。粗大的黄色管道盘绕着甲板，管子有三座足球场那么长。一座楼梯和钢架的灌木丛，有些地方露出圆形钢罐。船侧的海里垂直竖立着红色、黑色的管道，它们弯折一下，消失进船腹。不远处一艘快艇正在停靠，人们钻出快艇，爬上管道怪物的梯子。

我们一直飞到船的另一端，火焰塔的对面。那里，一座宽敞的白色大楼耸立在管道迷宫之上，有无数小窗户，直通到八楼，老远就能认出楼顶上有个用绿色标记的直升机停机坪。

“我们为什么不降落？”当我们从高楼旁飞过时，我问我的邻座道。“这是‘太阳花’，我们要去的是‘大丽花’。”他喊着回答，指指前方。透过直升机的前窗玻璃我认出了又一个天然气火焰在渐渐地越来越近。

我们这是在世界上最大的钻井平台之间，“大丽花”和“太阳花”是法国石油集团道达尔公司的全部骄傲。这些浮动工厂分别被 12 只锚链固定在它们的位置上，深海的黑色金子流进它们的管道——采自 1200~1500 米深海里的石油。道达尔公司 2001 年就开始在深海采油了，是全球最早开采深海石油的集团之一。“太阳花”号采油船于 2001 年 12 月投入运营，而“大丽花”号是 5 年后才投入的。

这些船停泊在一个有些人已经认为那是波斯湾的位置——在几内亚湾。它包括非洲西海岸沿线的海域,从加纳旁边的象牙海岸一直延伸到这儿——安哥拉国的近海。

采矿集团在新西兰和巴布亚新几内亚近海还在计划的事情,这里已经开始了,深海开采在安哥拉不再是幻想,而是每天的现实。钻井船和作业船、采油巨轮和快艇在近海的水面上组成了150公里长的一座座真正的城市。

我的邻座和宽敞直升机里的其他乘客都是道达尔公司的员工,他们中约有一半是安哥拉人。道达尔公司——世界第四大石油集团——自从这家法国集团开始从深海开采石油以来,就成了安哥拉国最重要的雇主之一。安哥拉曾是全球最贫穷的国家之一,专家们视之为石油工业的新的黄金国。

这在陆地上飞往首都卢旺达时还一点感觉不到。飞机场在望时,我身下掠过密密麻麻的一座座棕色和灰色小屋,那景象有半个多小时未变。我打量着卢旺达的尽头:临时修建的贫民区,安哥拉首都的无数居民称那是他们的家。卢旺达的道路、房屋和整个基础设施在过去几十年里得到了扩建,可以容纳将近70万居民生活。可如今这座城市里生活着300万人,非官方数据甚至说有500万。

卢旺达的大多数居民是在战时和战后来到首都的。1975年,安哥拉通过斗争摆脱了葡萄牙的殖民势力,获得了独立之后两个敌对团体之间又爆发了非洲大陆上最残酷的内战。原本作为执政党的“安哥拉人民解放运动(MPLA)”和游击队组织“安哥拉人民解放阵线(UNITA)”为了争夺国内的统治权战斗了近30年。“安哥拉人民解放运动”得到了苏联和古巴的支持，而“安哥拉人民解放阵线”很快就处于美国和南非的影响之下。这场内战发展为东西冲突的两个敌对强权势力之间具有代表性的鏖战。安哥拉到处战火纷飞，只有卢旺达本身很大程度上安然无恙。直到2002年“安哥拉人民解放阵线”的首领若纳斯·萨文比被打死，两派签订了停火协议，在安哥拉才开始了一场至今相对稳定的和平进程。如今总统若泽·爱德华多·多斯·桑托斯在任已经快30年了。

战争让安哥拉伤痕累累，至今还到处有地雷。卢旺达的人说，有一个居民就有一颗地雷，那就是将近1300万颗，它们主要被埋在想用它们造成最大破坏的地方——道路街道、铁路沿线和农田里。许多援助组织至今还在安哥拉忙着救治地雷的受害者，逐步起出残留的炸弹。这是一项艰难、费力、危险的工作，每天都有孩子和成人因为误踩地雷被炸上天。

我们的出租车司机一边驱车驶上城里尘土飞扬、人满为患的道路，一边介绍说，安哥拉曾经是“非洲的花园”。热带气候使得土壤肥沃，这个国家生产和出口咖啡、棉花、甘蔗、烟叶和蔬菜，再加上开采的丰富的黄金和钻石矿藏。如今农业荒芜了，大多数金矿停产了，到目前为止只有少数的铁路和公路重新恢复了。这个国家的面积有德国四倍大，许多地区只有历尽辛苦、冒着高风险才能到达。

于是越来越多的人搬迁进首都卢旺达。那里有工作，没有地雷，他们都这么希望。他们想在那里确保他们的家庭有收入，他们的孩子能有美好的未来。

我们的司机时而刹车鸣喇叭，时而挤进一个缺口，时而耐心等待小轿车和中巴的车流前移几辆车的距离。他介绍说，他经常需要 5 个小时，才能开着他的出租车从市中心的一端到达另一端，而这段路走路一刻钟就到了。

小贩头顶盛满面包或水果的篮子在这混乱的交通中往前挪，另一些人在卖口香糖、香烟或袋装水。郊外的土路渐渐远离铺有沥青的公路，我们驶进长长的滨海大道，它沿着大西洋岸延伸，包围着卢旺达。那里最终呈现在我眼前的景象，似乎是想让我忘记郊区的棚屋居住区。

在葡萄牙殖民时代粉刷成淡红色或淡黄色的漂亮建筑后面，现代化的办公大楼鳞次栉比。不是少数几幢，而是相当多的高楼大厦拥挤在从滨海大道开始的市中心。我们途经建筑工地，那里已经打好了基石，准备修建其他居民楼或商业楼。司机介绍说，接下来的几年，还在有损画面的较小的贫民窟居住区将会消失。特别引起我们注意的是一幢高耸入云的崭新建筑，它的奢华的玻璃正墙刚刚安装完毕。

“这是安哥拉国有石油公司(Solangol)的新址。”我的邻座布克哈德·罗伊斯告诉我说。这位专程由巴黎赶来的道达尔公司主管国际新闻的发言人接下来的这段时间将在陆上和水上陪伴我。“市中心的新建筑大多属于石油企业。”阿梅丽亚·桑塔娜也从副驾驶座位上向我转过身来，证明说。这位道达尔公司在安哥拉的新闻发言人在机场迎接我们，预先为我们订好了一家酒店。安哥拉的基础设施还不适合不是某个国际组织或一家大型石油公司工作人员的背包客。

没完没了地塞车，出租车艰难地驶往酒店，途中，阿梅丽亚·桑塔娜向我一一介绍我们经过其分支机构的集团的名字。

埃克森美孚公司(Exxon Mobil)、英国石油公司(BP)、雪佛龙德士古公司(Chevron Texaco)——所有大型石油公司在卢旺达都有代理。道达尔公司的三层白色建筑位于一条环行道上。最大的高楼,就在大道旁的一座黄房子,是中国石油建筑公司的。“目前,外国石油集团在安哥拉提供最好的工作岗位。”阿梅丽亚·桑塔娜解释说。安哥拉人说,谁被它们录用了,就高枕无忧了。因为只有那里才有稳定的工作、可观的工资,甚至一个大有希望的未来。

卢旺达弥漫着一种独特的淘金气氛,在我们飞去采油船的前两天里,我的这个印象更强烈了。道达尔公司安哥拉办事处的负责人奥利弗·兰格文特报告说,当他10年前在这儿开始时,连道路照明都还没有,更别提现代化的商店或咖啡店了。

今天,在市中心的大街两旁,新开的昂贵服装店和饭店不断地邀人前去购买和大吃大喝。在穿越城市的途中我看到了装有黑玻璃的时尚越野车,我获悉了城郊扩张的别墅区。在去过一家街头市场后我们突然站在一家保时捷分店前,它开在破落的居民区中央。游艇停泊在新的体育码头里,在卢旺达市中心南面,刚开张的贝拉斯购物中心是非洲最大的消费天堂,有100多家商店和20家饭店。

中午和晚上,石油集团和国际组织的工作人员在滨海大道沿线和坐落在前面的半岛上碰头。在从位置、设计和菜谱规模来看也可能是位于从巴塞罗那到洛杉矶的海滩上,在吃顿晚餐后很快就会花掉数百美元的饭馆里,他们躲开嘈杂、拥挤的城市,休息、恢复。外国救助组织的工作人员报告说,在卢旺达，一套二居室房的房租如今已经上升到不可思议的每月 15000 美元。这样一来，非洲曾经最贫困的国家之一的首都的房价就超过了伦敦、纽约和东京。这几乎让人不敢相信，但 2009 年，卢旺达在世界最贵城市的名单上前移到了第一位。

新财富最重要的原因之一就在离海岸很远的地方，远得从半岛具有田园色彩的沙滩饭店无法看到。只有行驶在地平线上的零星巨轮让人意识到，富裕的原因是来自深海的石油。

"油被抽到那下面，抽进红色管道。"我俯身越过漆成黄色的舷栏杆，望着下面大西洋的浪花。海浪拍打着从那儿垂直竖出水面的红色钢管。它们在水面与舷栏杆之间的一半距离处接入灰色和黄色管道，拐个弯，消失进"大丽花"采油船的黑色船腹里。

若昂·康甘加已经往前走了，正站在许多桁架式楼梯之一上等着我。这位 38 岁的安哥拉人已经在采油船上领我参观一小时了。这位念过大学的石油工程师在采油船上负责培训道达尔公司的新员工。他每次在海上工作 4 星期，然后又回到卢旺达的办公室里工作，不断轮流。石油公司的所有员工在这里都是这种工作节奏，视工作不同，他们有时在海上工作 2 星期，有时长达 3 个月。未来几天里，若昂·康甘加负责在近海的钻井船和采油船上陪伴我和巴黎来的新闻发言人。

行前，我们在船的主建筑里接受了一通安全说明。这座白色高楼里设有办公室和监控室，供船上大约140名工作人员使用的很大的用餐区和就寝区，一间健身室，一个录像厅和一个酒吧——没有含酒精的饮料。一部录像片向我解释说，我在船上必须一直戴着头盔、耳塞和劳保鞋。在进入用餐区和就寝区之前，我必须脱掉工作服。发生警报或爆炸时我必须立即赶到顶层的集合地点。船上的安全负责人陪同我们前往那儿。

一扇小门通向外面的栏杆，我们站在白色主建筑的背面。那里，4条救生艇像超大的红色鱼雷斜翘在水面上方，每条救生艇都有卡车拖厢那么大。我们爬进其中的一只，两人一排座位，最多可容纳60人。安全负责人解释说，这些船一遇到危险就会立即打开保险装置。我了解到，它们的重量会让它们先猛地落进海里很深。因此，如果采油船爆炸，在里面会得到最好的保护，至少暂时是这样。

我跟在若昂·康甘加身后又走下两个楼梯平台，往环绕甲板的管道丛林里越走越深。管道分岔处装有阀门和转轮。所有东西都清清爽爽，哪里也见不到哪怕一滴黑色的石油。康甘加笑着说道："如果这里什么地方都可以看到油，我们就麻烦了！不过，您过来，我让您看看油！"

我们周围响起咝咝、唧唧和嗡嗡声，嘈杂声震耳欲聋，我猜不出来自哪里。康甘加指着粗粗的灰管道——通气井——和黄管道之间钻出来的三个金属圆顶，那下面就是气控发动机。它们在船上构成一个独立的发电站，能为一座五万居民的城市供电，在船上主要用于开采设施的运行。发动机使用的天然气是随石油从深海抽上来的。

我们来到一座观景平台，站在平台上俯视五个黄色的钢板贮仓，里面同样也在轰隆隆响。“那里面在对油进行净化。”康甘加盖过噪声喊道，“当油被通过管道抽上来时，里面混有海底深处的沙、水和盐，有时还混有重金属。之后我们必须先在这里的船上将它净化、脱盐。”

在我们走下两道楼梯、绕过管道迷宫的多个角落之后，我得到了他们这里真的在开采石油的证明。两名员工旋开一只阀，让浓稠的黑色液体流进一只玻璃容器，又旋即仔细封好那只容器。“每天采样。”康甘加说道。

我陪同他和两名工作人员一起走进船上的多个实验室之一，在这里他们将油样倒进一台离心器。康甘加解释说，通过离心分离，水、盐和沙子沉积下来，他们就可以检查油的质量。随后他们就知道，他们能从今天抽上来的物质中获得多少石油。油里的沙子、天然气和水的含量每天都在变化。

在实验室里我还了解到，采油船的名字是怎么取的，我们所在的“大丽花”船，是以它开采石油的海底的多个油田里最大的那个命名的。康甘加解释说，大丽花油田里的原油相比较而言重、稠、酸。根据所属的太阳花油田命名的姐妹船生产的油轻，价值更大。油的质量取决于地里的储藏形成于哪个地质年代。大丽花油田是在近 2000 万年前形成的，在中新世，而位置更深的太阳花油田形成于渐新世，也就是大约 3000 万年前。

当我们走出实验室时，管道迷宫里的一个缺口让我们看到了燃气火焰，它们在我们头顶很高的地方熊熊燃烧，我在飞近时就看到过它。火苗烧掉的始终是微量的天然气，康甘加解释说，往上走回主建筑。如果一根管道中形成过压，就可以这样立即烧掉多余的天然气。“而大多数气体我们又重新送回它所来自的地方，送进地下，为的是提高油田里的压力，让石油更容易被抽上来。”

处理完之后，油被存放在船腹里。在主建筑的大门外康甘加指指我们脚下的地面，那下面是巨大的油箱，能容纳多达 20 亿桶油——一艘巨型油轮的量。我得知，每 4 天有这么一艘巨轮过来装运石油，它们的名字也由此而来。它们的舱壁上用白色的大字母写着——FPSO，“浮式生产储存卸货装置”的缩写。道达尔公司将这个 20 世纪 70 年代才首次开发出的技术继续发展，用于前所未有规模的深海开采。当“太阳花”号 2001 年 12 月开始投产时，它是全球最大的采油船。如今安哥拉近海总共停泊有 7 艘这种浮式生产储存卸货装置，分别由道达尔公司、埃克森美孚公司、雪佛龙德士古公司、英国石油公司和安哥拉国立石油公司经营。另外 5 艘正在建造或计划中，其中一艘是道达尔公司的“帕斯弗洛尔（Pazflor）”号，计划 2011 年年底投产。

“一切都是从这里操纵的。”康甘加将头盔拿在手里，打开白色主楼中间一层的一扇门。房间宽敞，透过对面的一扇窗户我们能看到船上纵横交错的黄色管道。一张长 10 米左右的桌子旁，工作人员坐在监控器前，最后面一群男人俯身在纸条和公文夹上方。到处都有屏幕和开关按钮在闪，工作台上摆有对讲机和电话。窗户上方，小小的电视机显示着监控摄像机传来的画面，它们监视着船的每个角落。一面墙上挂着一台宽宽的平板监控器，它像机场信息板一样不停地更新显示。康甘加解释说，那里记录着待处理的任务和浮式生产储存卸货装置上的换班安排、浮式生产储存卸货装置周围的各作业和钻井船只的位置和活动，还有下一艘油轮抵达采油船装油的时刻。

一位头发蓬乱、肤色深红、约莫50岁的肌肉发达的法国人从桌子上直起身，向我们走来。“欢迎来到‘大丽花’号的‘圣厅’。”莱昂内尔·拉马特问候我说，他是采油船的船长，当他上午在那里向我介绍船上的工作时，他办公室的牌子上写着“海上安装经理”。“作为海上安装经理，我是全球最大船只之一上的船长。只不过这艘船从不离开原地。”他微微一笑。除了浮式生产储存卸货装置上的工作，拉马特还负责协调采油船周围由运输、作业和钻井船组成的整个船队。

现在他指指监控室里的监控器和控制杆，“您这里看到的就是我今天上午所说的，我们从船上只监控海底全自动地发生的事情。”他用手指摸摸一个监控器上的一张轮廓图。可以看到4列，每列各有10个小黑格，小格子中间有数字在闪光。每过几秒钟显示就发生变化。“每只小格子都是海底的一个夹盘，在1200~1500米深的地方。到目前为止，‘大丽花’这儿共有37只，但还有可能增加。”他解释说，那些闪跳的数字显示的是原油从地下流出的压力。拉马特指着显示屏中央一列小蓝格，它们跟小黑格连在一起。“这里是所谓的歧管，您得将它们想象成多头插头，分别有4~6根来自夹盘的油管插在里面，然后各通过一根管道将石油输向长长的立管，立管又将油抽上去，运去水面的浮式生产储存卸货装置。”

我头发晕，我想到了从深海采油不容易，但在纷乱的技术细节中我开始摸不着北了。

桌子另一端，若昂·康甘加将一个监控屏朝我们的方向转过来。“这里这个会不会更直观一点?”他打开一部影片，它是为门外汉解释浮式生产储存卸货装置的工作方式的——电脑动画，是道达尔公司为宣传制作的，我感激地坐下观看。

可以看到采油船，一幅烦琐的、几乎惟妙惟肖的电脑绘图。然后视角钻进水里、下潜，可以看到浮式生产储存卸货装置的下侧。船侧有数十根油管深深地通进海里。水面上的浮式生产储存卸货装置越来越小，四周围渐渐变暗，潜进深海了。片刻后“摄像机”顺着油管往下摆动，出现被画成浅褐色的海底，不见动物或凹凸。地面被绘成了光滑的褐色平面，油管分布通向四面八方。

“那里有超过 175 公里长的输油管和线缆，它们将夹盘跟抽油机和开采船连接在一起。”莱昂内尔·拉马特回过头来看着我。“摄像机”正沿着一张输油管的蜘蛛网下行。“这些设备分布在一个总面积 230 平方公里的地带。”他解释说。这个面积比巴黎城的两倍还大。影片围绕一台黄色设备，设备里有粗管伸向四面八方。“这是一只我刚刚讲过的‘多头插头’。”莱昂内尔·拉马特解释说。

屏幕上，电脑动画做的深黄色装置看上去很可爱。可这些歧管每个都有 6 米高，有一座二层楼房那么大，设备安装在插进地里 12 米深的底座上。

影片现在显示的是一排较小的黄色设备，它们下面有黑管子消失在海底。“这些是钻孔，黄色部分是夹盘。”拉马特解释说，“我们‘大丽花’附近至今共有 71 口钻孔在工作，其中有一半在向上流油，我们通过余下的钻孔将水和气体抽回油田。”

黄色设备的油管只是开采装置可以看到的部分。钻孔还从地底深入地面以下，直到海底下面 1000 多米，到达石油所在的位置。海底安装类似于陆地上的大型工业建筑群，唯一的区别在于它们位处一个几乎从未被勘察过的地带，从船上只能揣测我们脚下在发生什么。但道达尔公司还是让海底开采成了事实。

莱昂内尔·拉马特记得，在 10~15 年前，道达尔公司还在因为这些深海计划遭到嘲笑。即使同行业态度乐观的专家也认为不可能从水深超过 500 米的海里开采石油，认为那样做太昂贵、太复杂。水压、绝对黑暗、人类的无法到达和严寒似乎让深海成了一个无法逾越的障碍。

今天，“大丽花”号和“太阳花”号日复一日，每天从安哥拉近海的海底抽取近 8000 万立升石油，这相当于每天 50 万桶——桶是石油行业通用的石油单位，一桶装油 159 立升，这是石油业开创之初规定的。这每天 50 万桶相当于所有德国加油站每天消耗的汽油。2010 年年初，道达尔公司在深海的开采量占安哥拉石油生产总量的 1/4。

2007 年夏天，当“大丽花”号由于技术问题，突然只能开采平时油量的一半时，其影响波及了全世界。莱昂内尔·拉马特回忆，从伦敦到东京的原材料交易所里，一桶原油的价格立即上涨了 50 美分。交易商们紧张地等候来自安哥拉的每条新消息。当“大丽花”号的开采量最后又恢复正常时，人们的如释重负表明，深海石油已成为全球市场一个固定的组成部分，而道达尔公司的竞争对手早就笑不出来了。

道达尔公司在深海取得的成功让它的员工充满自信。这一点，在动身前往安哥拉前几个月我首次在巴黎拜访公司总部时就感觉到了。当我在门厅里等候新闻发言人时，我从公司的一本小册子里读到：“我们找到了开启深海的钥匙，打开了通往这个新世界的大门。”道达尔公司是巴黎高层楼房区拉德芳斯区187米高的最高建筑的骄傲的主人。该公司几十年来就追求着一个目标——壮大，成功地壮大。道达尔公司成长成了世界第四大石油集团，在130个国家拥有近97000名员工，2009年的营业额为1300亿欧元。

一位身穿灰西服、中等个儿、黑头发的男人向我打招呼，将一张进入由三座玻璃墙办公楼组成的高楼的会客证塞进我手里，请我允许在通过时检查我的包。自从2001年9月11日纽约的袭击事件以来，道达尔公司的安全措施也变严格了。

我与新闻发言人布克哈德·罗伊斯已经联系几个月了，我们一直在试探有没有参观安哥拉近海道达尔公司的设备、去那里拍摄的可能性。现在罗伊斯陪同我去见集团的研究部部长和深海全权代表让·弗朗休斯·明斯特，将由他决定让一个电视小组连续数天在他的采油船上拍摄对公司是否合适。

道达尔公司正在努力改善其不好的名声。1999年，这家企业的“艾丽卡”号油轮在布列塔尼的近海破碎，造成了一场石油污染，从此，在公众眼里道达尔公司就成了肆无忌惮的环境破坏分子。另外还有人批评道达尔公司是唯一一家在缅甸跟军人统治集团合作、在那里开采石油的西方石油集团，而这家法国公司对记者不予理睬。

我们乘电梯前往大楼的最高层之一，我们必须两次换乘。单独一个电梯坑井不够长,到不了最高层。

“今天，采自深水海域的石油已经占了道达尔公司石油开采总量的10%。”让·弗朗休斯·明斯特在他的皮椅子里往后靠回去,指尖抵着指尖。这男人 55 岁左右,鬓发灰白,长相跟法国总统尼古拉斯·萨科尼有点像，从他的办公室可以眺望壮观的巴黎,“将来这一比例要上升到至少 35%。”

布克哈德·罗伊斯的办公桌上有几张 A4 打印纸,上面可以看到曲线、横杠和其他图表。这是呈送集团股东大会的一封建议的摘选。最上面一页上一根红色曲线从 2000 年的 0%的标记上升到 2008 年的 20%,标题是“深海石油生产——道达尔公司梦想的增长”。我了解到,20%的比例尚未达到,但计划中的新采油船很快就会成为现实。

让·弗朗休斯·明斯特身体前倾。我不必提很多问题,他就主动讲个不停。“我们是该领域最早的投资方之一,早在还没人相信它的时候我们就投资了。您也知道为什么吧,因为这条路让我们能在未来也保持我们作为世界领先的石油集团之一的地位。”道达尔公司要靠深海工艺和技术让自己不可缺少。“我们也要继续向人们供应一种他们的日常生活、工业及整个继续发展所需的原材料。”明斯特说的话都是经过深思熟虑的。我至今没有怎么感觉道达尔公司难以接近,这些集团战略家们显然喜欢谈挺进深海。

接下来的半小时里我明白了为什么道达尔公司几乎不再担心未来几十年的石油供应。当世界各地的专家们纷纷警

告，说陆地上的矿产地会慢慢减少，而且肯定会告罄时，这家集团认为石油时代还远未结束，希望寄托在深度超过500米的海底油田。深海区石油行业始于这个分界。超过1500米，就属于超深海区，据道达尔公司自己说，它也早就跨过了这道边界线。“我们能够在深达3000米的海底采油。”让·弗朗休斯·明斯特告诉我说，“我们有工艺，有技术，我们正在这么做。”

他从纸堆里抽出一张印有世界地图的纸，地图中央的一个金黄色三角很醒目，它的尖尖直达墨西哥湾及南非和西非的近海。“这里是‘深海金三角’。”明斯特解释说，“它标出了在深水域或超深水域发现了石油的三个最重要的地区。”

专家们估计，仅在非洲西海岸沿海深过500米的海底之下就有1000亿~1200亿桶的石油。不光是在安哥拉近海，在尼日利亚、加蓬、刚果共和国、喀麦隆和加纳的近海都有，过去几年那里一下子发现了多处新油田。从那以后，对非洲西海岸近海深海里的石油藏量的估计甚至上升到了总共2000亿桶，这个数量相当于根据估算地球上总共还剩下的石油藏量的17%。

不过深海也没能长期解决石油藏量枯竭的问题。在全球年需量现为300亿桶的情况下，估计的2000亿桶石油只够用不到7年。根据预测，接下来几年全球石油消费将继续上升。因此，深海只是将石油时代的终结往后推了一点点。

但是，向超深海域方向推进仍是道达尔公司这样的石油巨头最重要的业务新领域。自从拉丁美洲和亚洲交通方便、产量丰富的油田越来越多地由国有集团开采、当地的私人子公司都被索性国有化以来，全球市场上的石油巨头——五六家最大的私人石油集团的份额就萎缩了。20世纪70年代，英国石油公司、埃克森美孚合作公司控制着世界采油量的85%，而今天只有不到15%。

于是石油巨头们就开始寻找他们可以在里面坚守的小环境，投资费用大、风险高的计划，如委内瑞拉和加拿大的油沙矿层，或深海。如今没有哪家集团有道达尔公司这么谙熟深海水域的开采的。这家法国集团在深海领域属于市场领头羊。这个小环境要成为将来数十年的生命保险——因为不仅在西非近海，在墨西哥湾和巴西近海过去几年也不断发现了有利可图的新矿层。现如今，让·弗朗休斯·明斯特补充说，道达尔公司也在澳大利亚、挪威、埃及、英国和印度尼西亚近海发现了深海石油，"金三角"很快就可能增长为五角或六角。

明斯特将那张纸放回纸堆上，"很难说，深海的总藏量到底有多大。我们不断发现大规模的新矿层，那是我们没有料到的。我们今天认识的油田，20年前人们也毫不知情。石油就跟黑烟囱差不多，越是努力寻找新矿层，就会发现得越多。"

我们拍摄安哥拉附近深海里的石油开采，科研主任没有异议，虽然我没有隐瞒我也要采访在安哥拉附近的深海里从事环境研究的法国海洋开发研究院的海洋生物学家们。我也提到了我的印象，许多研究人员认为工业界闯进深海极其危险。

明斯特说，道达尔公司没有什么好隐瞒的。相反，多年前他们就成立了一个自己的基金会，参与深海生物的考察——

道达尔基金会。另外，公司十分清楚它作为深海开采先驱所承担的责任。

巴黎的领导层显然认为我的安哥拉之行是向世界证明道达尔公司是个模范集团的机会——无论是经济上还是生态上。

让·弗朗休斯·明斯特本人对海洋研究领域确实很了解。彼得·赫泽格在“太阳”号上就向我建议过，深海采油问题可以联系他。明斯特在进入道达尔公司之前是在法国科学界发迹的。这位拥有博士学位的地球物理学家不仅领导着法国国家科学研究院 CNRS——欧洲最大的以核物理、天文学和海洋学为重点的科研机构，还在图卢兹创建了一所地球物理学和海洋学实验室，从 2000 年至 2005 年，直到转入道达尔公司前不久，他都领导着法国海洋开发研究院，担任其设在巴黎的行政管理处负责人。同一家研究院后来也在道达尔公司的开采区域进行环境研究。

布克哈德·罗伊斯向我指出，我的访问也必须得到安哥拉近海油田的股东们的同意。道达尔公司虽然持有 40%的股份，是大丽花和太阳花油田最大的股东，是开采设施的经营者，但成本和利润，埃克森美孚集团、英国石油公司和挪威国家石油公司同样有份。这是这个行业里将投资和风险分摊的常见策略。

交谈结束时我想知道，这场深海冒险到底花费了道达尔公司多少，这些投资是否值得。明斯特解释说，从很深的水域开采一桶油，所需成本是陆地开采的双倍，在 10 美元左右，而不是 5 美元。开采大丽花油田的总投资约 40 亿欧元，包括全部的预先勘探、测试钻井、水下设备安装和在遥远的韩国建造采油船。太阳花花费30亿欧元左右，这数目相当于一座中型核电站的成本。

布克哈德·罗伊斯补充说，尤其在一个高油价的时代，这一战略是值得的。当道达尔公司20世纪90年代开始深海投资时，油价介于每桶30~40美元之间——人们期望着更好的时代。今天就连竭力保持清醒的德国经济调查研究所都估计，从长远看，油价将一直攀升。这家研究机构甚至认为在未来10年每桶油最高达到200美元是现实的。让我们比较一下：创纪录的2008年夏天，油价一度在每桶140美元以上，而2009年年底不足80美元。

“石油就是极其珍贵。”让·弗朗休斯·明斯特微笑道，简单地耸耸肩，“深海投资几年之内就会赢利。因此，从纯经济学角度讲，我们必须投资深海开采！”

绳索绷紧，那个钢制庞然大物被猛地从它的支架里吊了起来。3名穿橙黄色安全服的男人让到一旁，观看S形油管高高飘在他们头顶。那些人在钢管旁显得很小，吊车用四根缆绳吊木偶似的吊着钢缆，原地旋转，缓缓地将油管沉向大西洋黑暗的水面。

一条快艇将我们从“大丽花”号采油船送到了“波旁玉(Bourbon Jade)”号。今天夜里要将作业船上的一个新钻孔与浮式生产储存卸货装置连接起来。过去几星期有条钻井船在这个位置钻到了油田，长长的钢管被一根一根地吊进海底，然后用一只有阀夹盘封住了这个孔。这根沉进水里的油管就

是夹盘和海底的“多头插头”之间还缺少的连接部件。

在“波旁玉”号这样的船上，有许多专业公司在安哥拉近海为道达尔公司效劳。快艇和直升机出租车似的在钻井船和作业船及相距 10 公里的“大丽花”号和“太阳花”号浮式生产储存卸货装置之间往来穿梭。它们负责运输人员和材料，每天 24 小时，每星期 7 天。安哥拉近海的大西洋是个永久的建筑工地。

此时已经是夜晚了，明亮的灯光照耀着“波旁玉”号的甲板。“大丽花”号的煤气火焰在远方跳跃。太阳落山后温度没什么变化，还是将近 30℃，又热又闷。

当油管在夜一样漆黑的海洋里下沉时，忽然传来一声尖锐的口哨，我在“太阳号”上就熟悉这哨声了，强风暴信号。船侧一台看上去跟 “基尔 6000” 号机器人相似的仪器转动起来——一台深潜机器人。这台 ROV 虽然比“基尔 6000”号小一点，设备少一点，但原理是一致的。这台黄色机器人也有两根抓臂，多台探照灯和摄像机，一根长电缆将它与船连在一起。两名工作人员只需按一下按钮就能升起机器人。离油管远一点的地方，一台钢制设备正小心翼翼地将它沉进水里。

哨声又响了，我回头张望，好像“波旁玉”号船的中央安装了一面镜子似的，甲板另一侧此刻正在重复同一过程，那里刚将另一台深潜机器人沉进水里了。我从一人高的电缆绞盘之间挤向在那里操作开关按钮的工人，从他们脸上不是很激动的表情来判断，操作深潜机器人对他们来说不再是冒险，而只是例行公事。

我了解到，为道达尔公司工作的每艘钻井船和作业船至少都有两台深潜机器人,生产厂家同为向科研机构供货的那一家,它们的订单连续几年都排满了。科林·德韦在"太阳"号上向我讲过，仅仅是"基尔 6000"号的生产商谢林机器人(Schilling Robotics)短短几年内就成长了三倍。不过主要买主不是研究人员,而是石油工业。估计所有石油集团如今一共拥有 400 台以上的高科技设备,这情形与全球科研机构刚能买得起大约 30 台深潜机器人正好相反。

不过，大多数工业机器人只能下潜到 1000 米或 2000 米,因而就比许多科研设备要便宜。工业用 ROV 上也没有配备海洋研究常用的最精确的测量仪或高分辨率摄像机。但是,"波旁玉"号上一名红色外套上印有加利福尼亚潜水设备公司 Oceaneering 字样的工人认为,它们的设计更结实,特别重视钛做的抓臂。"它们必须正常运转,因为只有借助它们我们才能在深海铺设油管,安装开采设备。没有机器人我们在那下面都无法拧紧一颗螺钉。"

专业公司和道达尔公司的工作人员谈起他们的深海工作来多么自然,这让我吃惊,好像在那下面抵御压力、寒冷和黑暗是一场儿戏似的,好像那里除了他们没有别人似的。在"波旁玉"号船上,感觉不到多少好奇、未有答案的问题,甚或面对海底几乎没有勘察过的世界的谨慎小心。这里只是在安装昂贵的石油设备,时间这么短,还要尽可能降低成本。

抓臂在接近一块钢板上的红色把手,还有一米、半米,然后银色爪子就动作稳稳地抓住了红把手。在"波旁玉"号的监控室里,两名 ROV 飞行员中的一位将手离开了操纵杆一下。

他按下他面前的两个按钮之一，一台监控器将把手的近景图换成了钢板的整体图，然后他又握住操纵杆。

钢板是一根 S 形长弯管的末端，管道消失在黑暗中。船上的新油管到达海底了——一台监控器显示，是在 1257 米深的地方。

“波旁玉”号的两个监控室同样是设在集装箱里——它们比“太阳”号上的集装箱还要小、还要狭窄。它们的技术装备被精减到不能再减了——操作板后面安装有四台小监控器、一只声呐监控器和一个电脑屏幕。这里尽管狭窄，却是人来人往。一旦门被打开哪怕就几秒钟，安哥拉夜晚湿热的空气就会驱走嗡嗡响的空调的冷气，我一次次应飞行员的请求重新关上门。

“看样子不错，我已准备就绪。”操纵杆旁的飞行员冲他的邻居点点头，对方坐在电脑旁，细致地记录海底执行的活动。表格很长，两小时来这些人就在忙着安装新油管了。他们借助 ROV 解开了吊车的绳套圈，套好钢缆，将化学物质和液压液在其中流动的管子相互连接起来，然后将油管接到夹盘和多头插头上，现在只需要打开阀门就可以了。

“好了，歧管上的二号 ROV 也准备就绪了。”监控室里传来通知，通知是“波旁玉”号驾驶台上的行动负责人发出的。所有线索都汇总在他那里，他通过监控器和对讲机协调海底两台深潜机器人的工作，“现在你们可以打开阀门了。”

监控器上，机器人缓缓上移，仍将油管末端的红色把手紧紧地握在爪子里。最后把手轻轻地往后一缩，上移，机器人继续拉它，一直拉到挡块。“阀门打开了。”ROV 飞行员报告说。不一会儿喇叭里又响起“咯咯”声。“歧管上的阀门现在也打开了,恭喜,油在流!”飞行员们神色不变,操纵机器人离开油管,顺着另外两根油管潜行,它们在海底延伸,直到黄色大夹盘,只能隐约看出那下面的海底。飞行员们通过无线电报告,他们要开始上升了,ROV 今天的任务结束了。

一次在巴黎的道达尔公司大楼附近用午餐时，蒂博·惠更斯·德潘特向我解释说,海底技术的开发持续了 10 年。在我与让·弗朗休斯·明斯特见面前几个月,这位工程师向我描述了深海对道达尔公司来说是怎样的挑战。我很快就发觉,此人是深海采油的一部活词典。但惠更斯·德潘特在深海事情上曾经也是从零开始的。

作为勘察和生产部部长，他先是委托进行了无数研究,勘察从深水域开采石油原则上是否可行。最早的发现表明深海地下存在矿藏。不久后就明白了,那是可行的,但很昂贵。尽管如此,道达尔公司还是为这一业务领域成立了许多新部门,他们以深海为头等大事。今天蒂博·惠更斯·德潘特是研究和发展指挥部里让·弗朗休斯·明斯特最亲密的同事之一。深海项目的成功让他的事业得到了飞跃。

而道达尔公司不是唯一涉足深海的集团,巴西石油公司(Petrobras)就曾经长期被当作深海领域的先驱。巴西石油公司在巴西近海深达 1400 米的地方打进长长的支架，搭建了采油平台。可 2001 年 3 月,此前一直是全球最大的 P-36 浮动平台在多次至今原因不明的爆炸之后沉没,11 人丧生,最迟从这时候起,道达尔公司就明白了:深海要求全新的开始。

毕竟这家企业希望它的开采设施至少能够运营20年，确保公司在低油价时也会获利。

一个海底蜘蛛网的主意就这样诞生了。应该将夹盘直接安装在地面，与浮动平台连接在一起，理论就谈这么多。“总体上我们觉得真比登月还复杂！”惠更斯·德潘特回忆说，“在深海里我们要对付冰冷的盐水、强大的压力和完全的黑暗。没有人能够下潜到那里，因此在那下面我们的控制机会非常差。”开始时道达尔公司离“波旁玉”号上的“儿戏”还很远。

告别时这位工程师将多盘DVD塞进我手里，记录道达尔公司在安哥拉近海建造开采设施的影片。一部叫作《深海，最终的边界》，另一部叫作《冒险的芳香》，我当晚就在酒店房间里观看起这些DVD。

每篇报道都充斥着“最高级”：厂房里的全球第一批深海夹盘，它们被用吊车吊上船，在远离海岸的地方沉下水。巨大绞盘的运输，它们将把迄今最长、最坚韧、抗深海严寒的管道放进大海。当时全球最大的“太阳花”号采油船驶离韩国的船坞——比陆地上的所有建筑都高。16根巨型锚链将它固定在安哥拉近海，一节锚链重量就达300千克。最后用全球最大的浮动吊车将陆地上生产的黄色钢管迷宫的最后一部分吊上了浮式生产储存卸货装置，尽管波涛汹涌，两侧各有仅12厘米的位置。一件杰作！船上员工和卢旺达、巴黎的道达尔公司员工都纷纷打开香槟庆贺。

DVD里也可以一次次看到使用深潜机器人的场面。在水下，摄像机在20多米高的浮标上方摆动，职业潜水员将自己固定在浮标上，一直下潜到200米处固定输油管。然后机器人将管线、管道和电缆拖进深海。在地面，锚链被系在深埋地下的地基上。机器人将多头插头与安装在下面的钢架连接起来，插进电缆和阀，从设备上除去支架和保护罩。

有个场面是一只圆套口被沉到海底的一根钢架上，我估计那是个夹盘。支架轻微震动了一下，机器人又钻下去，大概是去看看是否一切正常。我已经看了两小时左右的电影了，此时海底头一回出现在画面里。

我先以正常速度播放，然后再换成慢镜头播放。颤动平息，震动可能是由套口回跳引起的，现在机器人在近距离拍摄安哥拉近海的深海海底。画面模糊，几乎辨认不出颜色，质量跟海洋研究所非常清晰的画面无法比。但这样也可以预感到，在被埋进夹盘下面地里的管子周围熙熙攘攘、非常忙碌。深色、长形的鱼在海底游弋。之间有一堆堆亮斑，从轮廓看可能是贝壳礁，也可能是珊瑚礁，几乎认不出 ROV 是在怎样一个生活空间里作业。这对于道达尔公司显然无关紧要。

在我观看的最后几张 DVD 之一里，有很长的未剪辑素材的连续镜头，那是钻井船和作业船在安哥拉附近的深海里拍摄的——原始长度。大多连续镜头是重复的，我之前已经看过剪短的版本。我往前快放，画面上突然短时间出现了别的什么。我又回放一点，找到那个位置。在一台 ROV 照耀，并用金属爪子抓紧的一束灰黄色电缆后面，先是一片漆黑，然后一堵有着白点点的黑墙忽然挤进画面。它从上面撞击线缆，晃了晃，离开片刻，又重新游近，出现在镜头前。那是一条鲸鱼的侧鳍，从那些点点看也可能是条鲸鲨。很显然，它在辽阔海洋里畅游时没有料到这个障碍。它先用鳍拍打线缆，拍得线缆危险地颤动，然后又潜进深海，没让人认出它整个的体围。

之后就一直播放下去，直到DVD快放完时我才再次因为异常的画面停下影片。我看到的东西，先让我笑起来，然后摇摇头，继而眉头皱起。浅灰色的模糊海底有个很难归类的白色生物在笨拙地行走。“这是什么呀？”“不清楚，但样子很可爱。”先前无声的片子里可以听到对话声，估计是道达尔公司的工作人员，他们跟我一样不知所措地盯着这个陌生的生物。它的白吻又宽又圆，吻上方的黑眼睛小小的，髭须粗糙，好像有胡子似的。身体同样圆嘟嘟的，臀部的一根长尾鳍像辫子一样摆来摆去。这生物在用两个鸭脚状鳍往前走，忽然，它停下来，下蹲一点。一条鲨鱼蓦地急速游进画面。它一定有2米长，绕着那个生物兜了个大圈子，又动作优雅地消失在黑暗里。那动物赶紧又走起来，笨拙地往前，摄像机继续跟踪它，焦距拉近，一起摆动，直到那动物钻进海底的一个钢支架下面，消失不见了。

我又摇摇头，道达尔公司的员工跟我一样不认识这生物。石油企业到底知不知道他们侵入的是怎样一个世界呢？我心里想道，他们铺设管道、将数米厚的基座和夹盘插进去的海底到底生活有哪些动物？这些动物对外来入侵者的反应会有多敏感？

在安哥拉近海，道达尔公司不必向什么环保法规或监督负责。没有绿化机构来海底看看会造成什么损害，没有环保部门向集团要求补偿面积，像在陆地上常见的那样，要求它为它的环境侵害做出补偿。在墨西哥湾或巴西近海至今也没有这种规定——在新西兰和巴布亚新几内亚近海也一样。深海海底是没有规则的垦荒地，生活在这里的一切，都毫无防备地听凭各集团任意摆布。

无论是在巴黎采访时还是在飞往安哥拉的途中，对我的有关海底稀有生物的问题，我一开始都没有得到满意的答复。道达尔公司的工作人员只向我指出了法国海洋开发研究院的工作。他们讲到丹尼尔·德布吕埃尔的同事们，安哥拉之行结束后我反正想去采访他们。据说那些研究人员仔细考察过那下面的动物世界，但我到目前为止还不知道，法国海洋开发研究院前往安哥拉的考察活动，有一半费用是道达尔公司出资的。

几年来道达尔公司和法国海洋开发研究院之间就联系密切——这也反映在研究院院长让·弗朗休斯·明斯特这个人物身上。他从科研界转到工业界只是乍一听让人意外，法国海洋开发研究院的监事会里不仅有法国各部和渔业界的代表，曾经同是国企的道达尔公司的领导成员多年来也同样占有席位。在法国，科研和原材料开采之间的联系向来就很紧密。

于是，在我从安哥拉返回几星期之后，我在布雷斯特会晤了与安哥拉近海的道达尔公司合作的三名研究人员——地质学家布鲁诺·萨伏伊及生物学家若埃尔·加莱隆和勒奈克·梅诺，一切都是1998年始于萨伏伊的工作。

布鲁诺·萨伏伊在他的塞满纸堆、图书和岩样的办公室里回忆说，合作的想法是道达尔公司提出的，分摊取名 Zaiango 的项目的成本的建议也是。他们一开始计划了 7 次考察，在刚果河入海口外不远的海域，那是安哥拉北部的界河，后来钻出的太阳花油田和大丽花油田就在那个海域。

当时道达尔公司请求法国海洋开发研究院帮助勘探深海。这家集团在安哥拉近海发现了石油，但还不知道应该如何开采。再加上在陌生的生活空间里寻找其他油田是很困难的，道达尔公司要求法国海洋开发研究院帮助它勘探，并研制适合海洋采油的技术。

当时这家法国集团在安拉哥就不是新客人了。道达尔公司自 20 世纪 50 年代起就在那儿开采石油，主要是在卡宾达地区，位于首都卢旺达以北 100 公里左右的一块战事频发的是非地，夹在刚果共和国和刚果民主共和国——当年的扎伊尔之间。后来道达尔公司渐渐躲进卡宾达和卢旺达附近的浅水海域，一方面是为了躲开陆地上肆虐的内战，另一方面是要将在北海研制的海上技术也有利可图地用在这里。

平均水深不足 100 米的北海自 70 年代以来就是道达尔公司的头号石油产地。那里至今还林立着大约 500 座钻井平台，是世界上最大的海上石油开采地区。相反，在安哥拉，无论是在陆地上还是在浅水里，这家集团一开始都没有发现较大的油田。在道达尔公司和其他石油大亨眼里，这个饱受战争蹂躏的国家暂时还是个次要舞台。

直到安哥拉石油部在 20 世纪 90 年代报告，例行勘探时在较深水域发现了大型石油储藏。道达尔公司耳朵灵敏，这会不会是用新矿床取代藏量日渐萎缩的北海的机会呢？战略家们决定勘察安哥拉近海的石油藏量。

备有气炮的专业船只将声波发射进数千米深的海里，发到安哥拉近海的海底，道达尔公司也是使用这个技术发现北海油田的。海底的岩层送回声波，视地层特征的差异，发送速度不同，发送方向也不同。

在法国比利牛斯山边缘风景如画的小城波城的集团研究中心，一次拜访时我看到了分析这些数据有多复杂。道达尔公司使用全球功率最强的电脑之一完成这项工作。每秒钟106 兆次——这种巨型处理器的计算单位——波城的这台超级计算机工作起来要比普通电脑快 3 万倍。借助一种专门设计的软件，它利用科考船收集的地震学数据绘制三维地图，投映在一堵由屏幕组成、高及屋顶的墙上，接受专家们的搜索——主要是搜索海底的断裂。我得到的解释说，灰色阴影表示地层，在红、绿色标注的“骨折”处，历经数百万年，有可能聚集有石油和天然气。

为了绘制超声画，这台电脑必须一次次“计算剔除”地底厚厚的盐层。我了解到，盐会导致声波信号变形，“像是照向四面八方的镜子”。因此，开始时辨认不清那下面的地层。尽管拥有最先进的技术，将近一年半之后道达尔公司才相信知道哪里可能有一座较大的油田了。

最后道达尔公司派出一艘钻井船前往安哥拉。经过与波城专家们的仔细磋商，在那里分毫不差地往海底进行了钻探。钻探时比利牛斯山的3D 电脑是最重要的仪器，不管是在世界上的什么地方钻探，转盘上的一个感应器将数据直接发往波城，实时地。那里的电脑会显示正在地底的哪个范围钻探，可以精确无误地纠正，直到夹盘到达希望的位置。这个程序极其昂贵、极其费钱。

我得以在波城计算中心旁的一座厅里欣赏结果。那里堆放着1米长的岩芯,它们被从中间切开,按产地分类。它们由浅褐色沙质岩石组成,有的是由硬结的盐组成,还有的是由一种从深褐到黑色的物质组成。仓库女负责人向我解释说:“这是吸满石油的沙层。”

在安哥拉近海不断有吸满黏糊糊黑油的新岩芯被钻上来,这下可以肯定了,道达尔公司在安哥拉近海发现最大的油田了。据预测可以开采7亿桶油,这在陆地上也是几年才能发现一回的梦寐以求的巨型油田之一,这座深海油田被取名“太阳花”。

今天安哥拉确实替代北海成了道达尔公司最重要的开采地区,但到达那儿的路程还很远。

要想开采这块油田,集团还缺少重要信息。无人知道油田上方的海床特性如何,它是泥泞的还是滑滑的?深海里有强大的海流吗?已经形成了开采时会融化、让地底不稳定的甲烷水合物吗?这些问题对开发开采技术很重要。道达尔公司要求法国海洋开发研究院帮助解答这些问题。

在头几回去安哥拉考察时,布鲁诺·萨伏伊与他的团队先绘制海底地图。研究人员还从未到过这里,测量结果令他们震惊:在大多数位置,地面从海岸向远海是有规律地倾斜的。但在一个范围数百平方公里的区域,就在刚果河入海口,形成了一座有支流和分叉的深邃的峡谷。布鲁诺·萨伏伊回忆说:“它看上去像科罗拉多大峡谷,只不过是在水下面。”研究人员不知道这是怎么形成的，直到他们有一次下潜遇上一个极其麻烦的困境。

法国海洋开发研究院自1999年开始就拥有了“维克多”号深潜机器人。他们在安哥拉近海首次使用它，一切进行得很顺利。可是，突然，不管摄像机转向哪个方向，科考船监控室里的监控器都只显示褐红色图片。有一刻钟之久他们不知道发生了什么事，机器人也几乎不听操纵了，不明白它只是出了故障还是他们刚刚将它弄丢在峡谷里了。

后来可见度变清晰了——研究人员开始意识到发生什么事了——深潜机器人遭遇了一场海下山崩，至今他们只从理论上认识这种现象。现在深海向他们证明了它蕴含着多么巨大的威力。这场山崩解释了刚果河入海口的大峡谷是如何形成的——河流不停地将巨量的淤泥及已灭绝的动植物残骸从陆地冲进海洋，近海的地层因此不断升高。最后，在这个很陡的大陆坡地区发生滑动，冲下去，同时带走了它下面的部分海底。这下研究人员们也意识到了，深海里的油矿是如何形成的。

很长时间人们都认为无法想象海里很深的地方会有石油，如果那里数百万年来都没有植物生长的话，形成这些石油必需的大量有机物从何而来呢？现在法国海洋开发研究院的研究人员意外地发现了这个谜的谜底。被刚果河冲进海洋的沉淀物在大陆坡上不断被新的山崩和沉积物覆盖，地层生长，海平面升升落落，数百万年过去了，它们下面形成了厚厚一层有机物。细菌分解让它们变成了含碳的石油，这个过程延续至今。

布鲁诺·萨伏伊成了深受石油大亨们欢迎的专家，因为研究人员在刚果河入海口的发现也适合世界上其他的所有大江大河。凡有有机物被冲进海洋的地方，都可能形成油矿。

随后几年的发现证明了研究人员的理论，像一根珍珠项链似的，在墨西哥湾，矿床一个挨着一个地排列着。就在密西西比河的入海口，在较浅的海域几年来就与北海里一样平台林立了。今天，石油大亨们竞相发布在深达 6000 米的海底发现了矿床的破纪录的消息。

类似的事情也在南美洲亚马孙河的入海口上演。巴西政府最近报道，在深海发现了沉睡着 500 亿桶石油的矿床——估计占整个非洲西海岸近海藏量的一半。

法国海洋开发研究院的研究人员在下潜时还有另一个让石油界感兴趣的发现。在道达尔公司发现石油的地方，到处都有气泡从海底咕咕往上冒，他们发现，那是来自深海海底的甲烷。不仅太阳花油田的地底在冒气泡，道达尔公司根本还没有在那儿找过石油的地方也在冒。

研究人员相信，甲烷气泡是海底可能还存在其他油矿的迹象。在地下，甲烷常跟石油一道出现。由于这两种物质密度都低，它们透过地心多孔隙的岩石往上冒。直到被较密的岩层挡住，它们才开始积聚成较大的量，矿床就是这么形成的。一段时间后甲烷被渐渐逼向旁边，直到找到新的上升机会，重新朝着地面漫游。偶尔也有少量石油以这样的方式溢出地底或海底。

这些结果鼓舞了道达尔公司的人们，海底咕咕冒泡的地形将来可以成为他们在深海发现其他油田的路标。

可法国海洋开发研究院的研究人员勘察归来时也将无数问题带回了布雷斯特，他们在海底气体逸出处观察到了许多生物，那都是他们至今没见过的动物且数量很大。另外，从他们采自海底的第一批试样里就发现了残留的珊瑚礁和贝壳礁。对道达尔公司来说，这些发现说明了这里从前或现在有气体逸出——珊瑚丛和蚌喜欢生长在地里有很多碳的地方——从而表明地下可能有新的油田。但在研究人员看来，这说明深海里存在至今未知的生态系统。

布鲁诺·萨伏伊找他的海洋生物界同事们求教。迈里阿姆·西比耶时任法国海洋开发研究院深海科科长，后任海洋生物普查研究所副所长，萨伏伊找到他，与他一起来到道达尔公司，建议还要进行的最后两次考察也派生物学家上船。在我们交谈时萨伏伊回忆说，听到这主意，道达尔公司的人最初一点不兴奋。毕竟不能不考虑到生物学家们会在安哥拉近海发现什么，严重时可能会最终毁掉集团的名声。

但集团最后还是同意了这个主意，萨伏伊估计，当时“艾丽卡”号油轮事故刚发生不久，道达尔公司这样做是想改善集团的形象。另外他们可能也希望生物学家的成果会有利于他们的工作。道达尔公司的人认为，他们对深海了解越多，就能越好地分析那下面的极端条件，找到合适的工作方式。

“原则上我们不清楚我们会在那下面发现什么。”勒奈克·梅诺这样介绍还将忍受的、现由生物学家进行的两次安哥拉考察开始时的情形。在迈里阿姆·西比耶和若埃尔·加莱隆的领导下，这位生物学家参与了名为 Biozaire1 号和 Biozaire2 号的考察活动,随后进行了分析。这一长达多年的工作是普查项目大陆边缘生态系统项目——勘察大陆坡的项目的一部分,并成了他的博士论文的内容。梅诺可能是全球唯一的以道达尔公司在安哥拉近海的活动为例,研究石油开采对深海动物群的影响为博士论文内容的海洋生物学家。

梅诺的小办公室位于法国海洋开发研究院的一座副楼里,他将一盘DVD 放进电脑光驱。他让录像科的人将“维克多”号深潜机器人的总共 14 次下潜的摄像浓缩成了一部 30 分钟的影片。“我们跟道达尔公司在两个目标上达成了一致。”梅诺介绍说,然后按下了“开始”按钮,“一个目标是我们想调查我们的同事们发现的气体逸出位置的生物群体;另一个目标是我们想调查安哥拉近海深海地面的生态系统的自然状态,好拿它与石油工业入侵后的状态做比较。”

他们与道达尔公司仔细商讨了他们在哪里采样,考察哪些已经钻完的钻孔。“我们当然宁愿摆脱这种束缚工作。”勒奈克·梅诺明确地说道,“可由于我们自己的预算承担不起这种前往安哥拉的考察活动,我们准备啃下这只酸苹果。”虽然道达尔公司一起出资，在考察期间他们可以完全自主地工作,道达尔公司没有影响他们的分析和出版物的内容,但梅诺也不否认,研究人员在工作时脑海里必须一直惦记着集团的利益。可这并没有影响他们的结论。梅诺强调说,他们在报告和出版物里所讲所写的都是他们自己的发现，未遭受审查。“深海研究昂贵费钱,”他补充说,“因此我们必须利用我们得到的任何机会。我们也只有与工业界合作,才能调查我们靠自己根本到不了的区域。”

他开始播放影片。在大约 1300 米深的地方出现了第一束覆盖海底的淡黄色的茂密灌木丛，灌木丛之间的许多地方真有气泡源源不断地钻上来。白蟹在灌木丛之间的地面上爬行，紧接着纯粹没有尽头的贝壳礁掠过前移的深潜机器人下方。不断有扁头、圆侧鳍的橙红色鱼穿过水上森林蜿蜒游过。“这是 Orange Roughies，宝石鲈。”梅诺解释说，“一种深海鱼，因为肉质结实白皙而很受喜欢。”宝石鲈寿命很长，约 30 龄后才开始繁殖。该物种现已被捕捞过度了，因为它们缓慢的生命周期跟不上拖网和拖网渔船的速度。

深潜机器人正向水底沉去，一直保持在一丛白色“灌木”前面。我更仔细地观看，才认出那“灌木丛”是由长长的管状生物组成，淡黄色的软头从白色管子里钻出。“管状蠕虫，与黑烟囱附近的类似。”勒奈克·梅诺说道。它们之间有小虾、黑蠕虫和褐色蚌在嬉闹。当 ROV 的焦距继续拉近时，我认出了其他动物——在蚌和蠕虫身上寄生着大量微小的等足类动物、蜗牛和海葵。

“维克多”号深潜机器人伸出它的抓臂，连同植被从地下拔出一束束，放进安装在摄像机下面的一只箱子里。移开一点之后它又用长玻璃管从水里吸进小虾、蠕虫和小鱼，然后抓臂将一根弯曲的金属棒伸进上升的气泡里，“测量它的温度和气体内容。”梅诺解释说。但令研究人员大为惊讶的是逸出的气体只有几摄氏度。这是冷泉，冷水的溢出点，之前只在世界上的少数地点发现过它们。

我了解到，冷泉旁的生物群体多样性可以与黑烟囱附近的生物群体的多样性相比。尽管乍一看你意想不到——冷泉旁生活的动物种类也比雨林里多。这个生态系统也是建立在进行化合作用的细菌的基础之上的。黑烟囱附近靠的是硫化氢，而冷泉旁的基础是另一种物质，恰恰是来自有机开采产品或地底油气田的甲烷带来了海底丰富的生命。

"可我们在安哥拉近海的发现远远不止这些。"梅诺继续播放影片。画面变化，彩色的小鱼游过去，深潜机器人紧紧跟踪，直到它们消失在精密分叉的白色结构中间。摄像机扫过一长排白色物质——珊瑚丛。那是冷水珊瑚，它们是漆黑深海里许多鱼蟹品种的儿童游戏室。生物学家们当时虽然已经知道在挪威近海的大西洋里存在冷水珊瑚，但这种复杂、敏感的生物群体在这么远的安哥拉近海也有出现，这是他们没有料到的。

"如今我们认为，那下面的珊瑚丛有好几千年了，深海里的珊瑚多于温暖的浅海区域。"梅诺讲道。这又是我一直毫不知情的新鲜事。可是，研究人员至今无法说明，在安哥拉近海的冷水珊瑚上到底生活着哪种动物，它们是如何繁殖的，它们吃什么。

勒奈克·梅诺回忆说，这些最初的发现引起了道达尔公司浓厚的兴趣。而这家集团不仅想多了解有关冷泉的情况，它们有可能指明通向那下面的油田的道路，道达尔公司也想知道，在研究人员看来，他们是否应该和应该何种程度地考虑深海的生态系统。我想，他们至少这样做了。

要回答这些问题，梅诺和他的同事们还面临着工作中最艰难的部分，他们必须在布雷斯特的深海实验室里将他们的试样整理、清点和分类,他们至今都没有完成。那里的架子上仍有数百种在安哥拉近海收集的生物在等着他们检查,其中有许多是至今未知的。与米歇尔·杜尔凯和丹尼尔·德布吕埃尔一样,勒奈克·梅诺也抱怨缺少能够将新发现的动物分门别类的训练有素的分类学家。

我忆起米歇尔·杜尔凯讲过的分析一次考察的发现一般需要多久:10 年。当时就该明白道达尔公司不会耐心等候生物学家们的结论这么久的。虽然研究人员尚未回答他们的问题,这家集团却在继续采油。这么说来,法国海洋开发研究院生物学家们的考察活动只是装装门面?

不完全是。道达尔公司允许研究人员在两个他们已经用钻探船在海底找过石油的地带调查,研究人员要在那里比较原始状态的海底和侵犯过后的生活空间。

梅诺让录影带一直快进,直到机器人在一个灰蒙蒙、泥泞得单调的海底上方"飞行"的地方。图像中央忽然出现了一个土丘的轮廓,开始很弱,后来可以越来越清晰地认出,褐色土丘里向上钻出一根管子。机器人飞近去,管子被漆成了黄色,深红色的管头位于土丘上方一两米处。"这是道达尔公司的一口老钻井。"勒奈克·梅诺用一根圆珠笔点着监控器,"它来自 1999 年,是一次试钻探时遗留下来的。事过之后将它封闭了,今天早已废弃不用了。"道达尔公司曾经在深海建造的东西,就那么留在那儿了。

梅诺解释,那土丘是由所谓的钻屑组成,一堆由钻液和钻探过程中落在海底的土壤组成的混合物。录影带继续播放,"维克多"的抓臂先后将多根玻璃管埋进土堆里,又将它们连同土壤拔出来，搜集在它的托盘里。它在钻井的周围重复这一过程，逐渐远离钻屑土丘。以后下潜时他们还这样检查了另两口钻孔，一个来自 1995 年，在发现太阳花油田前不久，另一个形成于1998 年。

“问题是钻屑里含有许多有毒的化学物质。” 梅诺解释说。这些化学物质来自钻液，钻液是用来帮助软化地下深处已经变得很硬的土壤的。另外，当夹盘越来越深地往下钻时，钻液会冷却夹盘。“直至不久前钻液主要还是由汽油、水和淤泥组成，”梅诺讲道，“它还含有合成物质和重金属。”如今这一组成对环境的危害虽然小了点，但起不了什么作用。迄今为止的钻探的有毒残留物散布在海底的许多位置。

梅诺介绍说，仅在北海和墨西哥海湾，经过几十年的石油开采，已经在较浅的地区形成了巨大的钻屑山丘。专家们估计，覆盖北海海底的钻屑量在200 万立方米——这相当于200 万只垃圾集装箱的内容。

“钻屑对海底生命的危害极大。”梅诺解释说。因为它扼杀那下面的生存空间，让环境形成化学污染，使海底的有机物质繁殖，阻止幼体和极小生物的增长。

在他们从钻孔周围采取的试样里，梅诺和他的同事们真发现了很多重金属及硫化物和碳化物——钻探使用的柴油毒鸡尾酒的残留物。梅诺报告说，即使距离钻孔 20~50 米的地方，对地面的危害也还相当高。直到离土丘 200 米处他们在海底才没有再发现残留的化学物质。

他们在实验室里用显微镜仔细检查调查地域的动物世界。虽然录像上的土丘显得毫无生命，他们却在里面发现了许多生物,就像夹盘周围显得单调的海底里一样。至今他们既不能说那是哪些物种,也说不清它们分布有多广。只有一件事马上引起了他们的注意:离夹盘越近,发现的动物种类就越少。钻屑里的化学物质主要吸引一种生物——蠕虫家庭所谓的海女虫,这些动物平时在海底是不会出现在钻孔周围的。"我们称它们为机会主义者。"勒奈克·梅诺解释说,"因为海女虫在误以为的对生命有害的条件下也能迅速定居下来,同时驱赶走当地的动物。它们是生态系统遭到了破坏的监控器。"

勒奈克·梅诺并不因此对安哥拉近海的深海感到悲观。"我们知道,海底基本上能够回返它的自然状态。"在北海这样的浅水地域需要几个月到几年的时间,在这段时间里化学物质会被微生物分解掉,原先生活在那里的动物,会慢慢地重新定居回来。梅诺承认,"在深海里这一过程的持续时间肯定更长一些"。在那里,由于严寒和水流较少,整个的新陈代谢要比浅水海域慢25倍左右。但梅诺相信,某个时候深海也会从侵犯中恢复过来的。

"另外我们这儿所谈及的面积总的来说很小,哪怕全世界在越来越多的地方从深海采油,比起深海的浩瀚,这些地域相当小。"勒奈克·梅诺开动打印机,他要给我看几篇他和他的同事们就这个内容发表的专业文章,同时他扬起眉毛,"但有一点我们不可以忘记,只有当钻井不爆炸或深海里的油管不泄漏时,所有这些说法才正确——否则那将是GAU——假设的最大意外事故。"梅诺说,至今无法估计,这么一场灾难会对深海的生态系统和整个海洋造成什么后果。

2010年4月20日晚上,海洋研究人员的担扰变成了现实,海底最大的意外事故发生了——不是在安哥拉近海,而是在墨西哥湾,距离美国的南海岸不足70公里。那里的“深水地平线”号钻井平台是同类平台中最先进的之一,几天来,平台上的工人们就在忙着密封1522米深处的一口钻孔。密封完毕后将有一艘开采船为英国石油公司开采那下面的大有希望的油田。可是,突然发生了爆炸,平台燃烧起来,消防船和海岸防卫队整整忙碌了两天,想抢救“深水地平线”号,但一切都是徒劳。这座巨大的钻井平台于2010年4月22日沉没。143名工作人员大多获救,失踪11人,他们被宣布遇难了。

此事引起极大的不安,奥巴马总统派国土安全部部长、内政部部长和环保总署(EPA)的负责人前往墨西哥湾近海,这起事故被宣布为“国难”。除了哀悼死者,政治家、渔民、旅游经纪商及英国石油公司和泛洋(Transocean)公司——钻井平台的瑞士经营商,自称全球最大的海上钻井企业——的老板们主要担心一件事:对近海的破坏会有多大?巨量的油会粘在海湾沿岸的海滩、鸟类保护区和红树林上吗?渔民和牡蛎养殖人会连续数年失去他们的生计吗?清理工作的成本会有多大?人们担心,就像1989年“艾克森·瓦尔迪兹(Exxon-Valdez)”号在阿拉斯加、1999年“艾瑞卡(Erika)”号在布瑞塔纳或2002年“威望(Prestige)”号在比斯开湾那样的灾难性油船事故之后一样,全球又将流传开一幕“黑色瘟疫”的画面。

截至本书编辑结束,灾难的规模尚无法预料。虽然顽固的原油如今已经到达海岸，沥青块和红棕色黏状物覆盖了许多海滩及数千名志愿者的橡胶手套和防护服，他们在照顾被粘住的鹈鹕、海龟和其他动物，越来越多的石斑鱼、石夹子鱼和蟹被冲上了海滩，在路易斯安那近海难以到达的低湿地，油毯同样在扩散。已经投入 2600 只船，用人造障碍、有控制的焚烧尝试和抽掉含油的水来阻止最严重的事情发生，但在事故发生后的头几个星期里只有一支考察队检查过深海里是否一切妥当，而这也更多是偶然，是独自进行的。

美国海洋和大气管理署的下属机构——美国深海科学技术研究所（NIUST）的研究人员临时将原计划对墨西哥湾的考察转移到了事故地区。他们从“零号地面”——如今他们这么称呼事故所在地——周围很深的海里提取水样和土样，连续 10 天。他们先是在一篇网络博客里介绍了他们最初的观察，单是这些介绍就让人感觉不妙。

他们发现，由于现在大面积往海面上喷化学物质，石油开始下沉。这是英国石油公司、海岸防卫队和环保署希望的效果——这样水面仍然貌似很干净，暂时保护了数万只海鸟不被粘住羽毛。使用的石油分散剂 Corexit 制剂像洗涤剂一样将油分解成微小的滴状，然后，从理论上说来，它们就能更容易被微生物分解。但这些研究人员发现，这样一来许多地方的水虽然显得清澈了，但含有很高的痕量金属——化学鸡尾酒和被分解的石油的残留物。另外小油滴显然出乎预料地经常结成巨大块状或一种黏膜。这种被化学污染过的油会对深层水域的生命和海底的生态系统造成什么影响，还完全不明白。

在考察的最后几天,研究人员终于发现,在700~1300米深的地方有一种浑浊缺氧的物质在扩散，他们认为那是石油。他们无法准确检测它,他们船上既没有ROV也没有完整的实验设施。那种浑浊物质一直弥漫到距离钻孔16公里远,有的是上下4层,有的是5层,宽达6公里。研究人员测量到有些位置的含氧量低达30%。他们搜集更多的类似“色拉”的液体的样本,担心它们会对动物世界造成巨大危害。尽管他们对测量结果还不是很有把握,可他们将它公之于众了。

之前几乎未受重视的“鹈鹕”号科考船的考察活动引起了轰动,更多的研究人员开口讲话了,担心那些油会到达所谓的回流,从那里进入墨西哥湾暖流,被带进大西洋的远海里。不久后南佛罗里达大学的一支考察队也出发了——与美国海洋和大气管理署合作——还有一艘佐治亚、北卡罗来纳和南密西西比大学的船也出海了。这些海洋研究人员在水下发现了更多的一摊摊油,在泄漏处的东北部也有,那儿,研究人员警惕地报告说，巨大的两团油膜显然在朝着海岸移动,一团在水下400米,另一团在水下1000米。

最初不清楚深海里数千米长的油膜是不是由水面沉下去的油滴组成的,或者它们是不是直接来自钻孔。另外,很多地方的油的浓度相当低，不是发现的所有石油都可归咎于“深水地平线”号的泄漏。可如今英国石油公司也开始直接在1522米深的事故现场洒Corexit石油分散剂,阻止石油上升。环保署一开始禁止这样做,后来又同意了,虽然这样做的生态后果既没有经过研究也存在争议。那是一次大胆的试验,人们完全不明白Corexit里含有的物质在深海里会如何行为。它们自然是深海里没有的，几乎无法被分解。检查过从前用类似化学物质做过的实验的研究人员证明了此事——在阿拉斯加或在布列塔尼，那里的事实甚至表明，未使用分散剂的地区比使用了分散剂的地区在油害之后恢复得更快。

“我们可以在表面看得见的油害和深海看不见的油害之间进行选择。”罗伯特·卡尼分析形势道。路易斯安那州立大学的这位海洋学教授与勒奈克·梅诺一样多年来就为大陆边缘生态系统普查项目工作，几乎没有谁对墨西哥湾深海的认识有他那么深。梅诺建议我跟他联系。“我们的社会在这种情况下首先关心的是海岸。”卡尼补充道，“因此，只要石油从水面消失了，大家就都高兴，而我们现在必须停止将浅水和深海割裂开来观察了。”许多鱼虾类的儿童游戏室是在深海，石油会毒化初春钻出来的幼体，另外墨西哥湾里的抹香鲸和濒临灭绝的蓝鳍金枪鱼也经常潜到海底追逐猎物。

我了解到，“深水地平线”号附近的深海里也不是没有生命。卡尼报告说，一位同事多次从平台上用一台 ROV 勘察了海底，与法国海洋开发研究院类似，他的研究所也同石油和天然气企业合作，想进入难以开发的区域。在平台附近他们同样发现了冷水珊瑚及冷泉，还有丰富的共栖动物。钻孔旁的地面都是淤泥——这也是至今几乎没有考察过的丰富物种的家乡。卡尼说，他不知道现在“零号地面”旁的深海的生态系统如何，研究人员至今没有时间进行这种调查。

同时，美国海洋和大气管理署就表面的其他油膜提出了警告，它们在从泄漏地向东南方向扩散，漂向佛罗里达最南端的尖角和古巴的海岸。再加上6—11 月在这个地区是飓风季节。龙卷风过去就破坏了墨西哥湾里的许多钻井设施，现在它们可能会让清理工作中断几星期，让石油大面积分布在海里和海岸沿线。到时候，事故后当局宣布的禁渔规模可能还会扩大，而它在六月初就包括了墨西哥湾整个面积的1/4。

危险，没有解决的问题，混乱。事故到目前为止的总结就表明了英国石油公司和道达尔公司这样的集团想要隐瞒什么——闯进深海的风险是巨大的，这样一场事故的后果是无法估算的，因为爆炸数星期之后每天还有巨量的油喷进海里。从泄漏的钻孔和爆炸了的立管的裂缝里流出的油一开始还说只有1000桶，然后是5000桶，如今官方数字介于12000~25000桶之间。英国石油公司的代表在一次美国国会的听证会上甚至承认，有可能是每天6万桶，而且有几位科学家估计这个量已经达到每天7万桶。这将是110万立升——每天等于从“艾克森·瓦尔迪兹”号喷进阿拉斯加近海的威廉王子湾，在那里导致了航海史上迄今最大的环境灾难的总量的1/4。

“自然状态下墨西哥湾的地面也不断有石油溢出来。”罗伯特·卡尼提请考虑说，那种情况环境某种程度上已经适应了，“可自然溢出的油在钻出地底向上的途中一方面参与了众多分解过程，不像新开挖的油田里的油那么有毒，另一方面量要少得多，平均每天每平方公里约有0.0018桶油从墨西哥湾的地里渗出来。相反，根据官方数据，钻孔里喷出的油量每天高达25000桶。即使这是分布在一个只有1000平方公里的面积上，也比我们至今知道的多得多。”

研究人员、政治家和企业集团束手无策，他们压根儿不知道该如何控制这些深海灾难，缺少经验和基本的预防措施。用来堵塞钻孔的"顶部压井"法失败了。第三台清油机一个多月后才成功地堵住了部分流出的油。所有希望都寄托在两口减压井上，它们要推进到海床深处的钻孔，紧贴油田上方用淤泥封住钻孔才行。但所有这些尝试证明都是毫无成效，而不是集团们乐于吹嘘的强大的责任感、考虑到了安全的先驱工作。

而 1979 年墨西哥湾就发生过一场类似的意外事故：当时，墨西哥近海的 Ixtoc1 号钻井平台上一只应急阀失灵，导致天然气爆炸，高达 140 万吨的原油流进了海里，时间长达 9 个月。这里也是使用减压井才堵住了泄漏。但负责人并没有因此制订出严格的规定，相反，各集团在海里挺进得越深，那里的应对措施就越难。

在北海，埃克森美孚公司的一种灾难性遗留物在咕咕地往外冒。这家集团 1990 年在苏格兰近海的一次钻探时意外发现了甲烷而不是石油，一场爆炸在地里撕破了一个直径 15 米的火山口，至今从那里还有甲烷气泡组成的柱子汩汩地往外喷。这家集团都没有设法堵住钻孔——据说是缺少合适的技术。主管的英国政府虽然标明这个地方为危险区，不宜航行，但就此不管了，因为这场事故几乎没有对鱼群造成负面后果。这些气体有1/3 升到了大气层里，加剧了温室效应，到目前为止只有德国基尔的莱布尼茨海洋科学研究所的研究人员提出了警告，他们用"佳奥"号潜水器检查过火山口，带回了骇人的图片。

勒奈克·梅诺、罗伯特·卡尼和"鹈鹕"号上的研究人员担心海底的油会让共栖的生物窒息，粘上珊瑚和其他生物及长期破坏食物链；因为在微生物分解石油时，毒素积聚在微生物里面，沉积在鱼类的脂肪里，最后也会危害到人类。另外，不来梅港的阿尔弗雷德·韦格纳研究所和密西西比州的海湾海岸研究实验室（GCRL）的研究人员报告说，石油的残余物质会给鱼类和蟹造成神经疾病、基因变化、畸形和溃疡。梅诺补充说，在这种水深，要找到油块和油滴，甚或清洁海底，困难巨大——也许需要几十年，受害的生态系统才会开始恢复。

这些集团轻率地侵犯深海，它们是有计划地进行的。早在2001年道达尔公司就在庆祝与法国海洋开发研究院的成功合作了——虽然存在勒奈克向我介绍的顾虑和许多未解答的问题。让·弗朗休斯·明斯特在巴黎就向我保证，在开始“侵犯”采油之前，他们仔细调查过海底，但这一说法同时隐藏着很多瑕疵。

一方面，据勒奈克·梅诺说，法国海洋开发研究院在安哥拉近海海底至今进行的调查远远不够，研究人员绘画那里的大陆坡生物群体的自定目标只实现了一点点，谈不上对海底动物世界的普查——哪怕是用作未来比较和一场像墨西哥湾这样的意外事故的基础。“虽然我们相信，开采石油的实际工作不会对海底生命有重大影响。”梅诺总结说，“但我们还是不能说，我们到底是谈的哪些动物种类。我们没有任何有关深海生活空间的长期研究的论文——世界上哪里都没有。我们不知道，它这些年里是如何发展的——无论是以自然的方式还是在石油工业的影响之下。鉴于道达尔公司想在深海经营它的设备至少 20 或 25 年,这当然是不利的。我们只能希望墨西哥湾这样的事情别再发生。”

另一方面,生物学家们是直到“太阳花”号钻井平台早就开建后才前往安哥拉的。2001 年 12 月 4 日,就在法国海洋开发研究院的“大西洋”号科研船在完成第二次和最后一次 Biozaire 考察之后驶进卢旺达海港的同一天，道达尔公司就开始在“太阳花”号浮式生产储存卸货装置上开采石油了。当船上兴奋地欢庆第一桶油(first oil)的流出时,法国海洋开发研究院的海洋研究人员正在收拾他们的东西,飞回家去。道达尔公司在“太阳”号浮式生产储存卸货装置下面安装的转盘和多头接头、管道和连接管及近 40 个钻孔——所有这些设施生物学家们都没有检查过,也没有检查道达尔公司已经开始钻井的大丽花油田所在地区,还有在未勘察地带计划的 70 多个开采孔、喷油孔和 170 公里长的管道。

勒奈克·梅诺解释说，他们与道达尔公司就某些地点达成了一致,这些地点不包括“太阳花”号和“大丽花”号的水下施工地点。另外,“出于安全原因”,道达尔公司建议他们不要在“太阳花”号快要开始采油之前检查水下设施,他们必须遵守这些要求。

我问梅诺,他们是否清楚安哥拉近海的海底如今是什么样呢?“不清楚。”他们是否打算再去那里看看呢?“暂时不打算。”与道达尔公司在安哥拉近海的合作结束了。但他们正在计划自己掏钱,再去尼日利亚考察一回。还没有深海研究人员去过那里——道达尔公司不久也想在那儿开始深海采油。

他们既没有接到委托也没有得到批准,在尼日利亚近海检查钻孔或石油设施周围的地带。

“时间就是金钱。”——这个口号写在让·弗朗休斯·明斯特的办公室里的人送我的一封资料上。那是全球最重要的深海先驱项目的一个滚动条的标题。20 世纪 90 年代末,道达尔公司想创下一个深海范围的新纪录。在这里,几个没有答案的问题,没有勘察过的珊瑚和海底罕见的蠕虫,显然无关紧要,就像英国石油公司闯进墨西哥湾时一样不重要。

勒奈克·梅诺告诉我,就他所知,如今道达尔公司的子公司正在调查安哥拉近海的海底,但他不知道他们是如何进行的、他们发现了什么。我想试着去从道达尔公司那儿了解。

我将头盔下的橡胶塞更紧地塞进耳朵,但我每次还是要颤抖一下。一个男人在用锤子砰砰敲击一根垂直吊着的铁管,直到吊车驾驶员竖起大拇指。然后他将管子慢慢移向船中央,木偶似的吊在我们头顶很远的一个装置上。管子在船上的一个圆孔上方停下来。“我们用锤子检测管子有没有裂纹,从响声可以听出来。”大卫·班尼斯特对着我的用耳塞塞住的耳朵叫道。

这位加拿大的石油工程师在“骄傲非洲”号钻探船上担任安全负责人。该船长 200 米,自 1999 年以来就为道达尔公司工作,是由得克萨斯的 Pride International 海上公司专为深海钻井制造的。宽敞的甲板上有数百根长钢管,借助它们,“骄傲非洲”号能钻到 3000 米的水深——从那里继续往下钻,直到海底深处的 10000 米深。昂贵的液压系统和复杂的船用操纵系统通过电脑保证海浪很高时钻杆也能毫厘不差地钻进海底，连同它的姐妹船“骄傲安哥拉”号。“骄傲非洲”号属于全球最大的同类船只之一，与沉没的“深水地平线”号钻井平台是同一级别的，只有很少的船能够像这些巨型船只钻得这么深。

甲板圆孔里竖着一根齐臀高的管子，里面喷出的水流淌在我们脚下的木板上。“这是亚弗消毒水，一种钾溶液，用来给管子内侧消毒。”大卫·班尼斯特嚷道，“与用来清洗游泳池的消毒水类似。”吊车驾驶员跟随急促的命令，将吊起的管子往下越放越深。在齐膝的高度，一辆红色钢装置驶过来，一声金属碰撞声，然后设备包住了两根管子，慢慢地将上面管子的螺丝钉拧进下面管子的螺母。接下来设备驶向一旁，钻杆下沉，最后只能见到后面那根管子的上沿。然后又是大声锤击一根新钢管，这程序从头开始。

“我们用钢管从内部包装一口已经钻好的孔。”班尼斯特解释说，“最后在上面套上一只夹盘，连接上一根油管，这样就可以开始采油了。”他从我的笔记本里借走一张纸，将纸铺在一只箱子上，画了根垂直的管子，又在管子两侧画上阴影线。“这是穿过钻孔的截面，周围是海底。”他指着那些阴影线解释说。然后他画了一根杆子，杆子从钻孔中间穿过，竖立向下，末端套着一个套口、三块斜板，板沿有尖齿。“这是带刀片的钻头，它们粉碎土壤，就这样越钻越深。”

钻液是从杆子中间引导的，班尼斯特解释说，“它帮助冷却夹盘，软化土壤。”他在钻杆外侧画上多个上行的箭头，“然后钻液又升到表面，它的高密度让钻孔保持稳定。”同时它将

大量土壤——所谓的钻屑——带上去。大卫·班尼斯特证明说，从前钻液的基本材料确实大多是柴油。“可最近几年来我们只使用棕榈油。棕榈油不那么易燃，对环境的危害更小。”虽然棕榈种植的代价是牺牲热带雨林，我脑中闪过一念，再加上钾或特别重的矿物质钡，液体就达到了必需的密度。

从前，被带上来的钻屑在船上得到清洗，但清洗从来不能分离出全部的钻液，清洗过后确实又被重新排进了海里。然后作为仍然含有毒素的淤泥沉到海底，大卫·班尼斯特证明说。相反，今天他们在船上将钻屑装进袋子，运上陆地。他说他也不是确切知道在陆地上是如何处理它们的，但那是安哥拉政府为保持海洋清洁制定的少数规定之一。

他又用圆珠笔敲敲纸，望向钢管的方向，它们还在穿过船中央消失进海里。“当夹盘到达油田时，就去掉钻杆，给钻孔内壁包上钢管，最后再安装上钻头和固定在上面的阀。”

钻孔钻完，内壁包上钢管，一切就准备就绪，可以开始采油了。班尼斯特合计了一下，他们在“骄傲非洲”号船上平均要工作 30 天。每天要花费道达尔公司 20 万美元。这意味着一口钻孔就要花费 600 万美元，这下我理解“时间就是金钱”的口号了。

在“深水地平线”号事故之后，我通过电子邮件问大卫·班尼斯特，在安哥拉近海，他们是不是也在海底安装了所谓的防喷器。说到底，在墨西哥湾，钻头上的这个安全阀显然是失灵了。它的作用是在意外情况下——比如即将发生爆炸——阻止石油井喷，但阀的操纵机械显然不灵，ROV 也无法关闭它。没有声呐操纵的应急闭锁开关，在挪威和巴西，这么一个应急开关是必需的。可在美国,据媒体报道,石油巨头们阻止了这一规定。

钻孔为何爆炸,此书编辑结束时尚无定论。英国石油公司果真不理睬警告,越来越快地推进钻探吗?工人们忽视了立管里气压的升高吗?是用来砌封井坑的新鲜水泥有裂缝,引起了火星吗?海床或海底里有什么地质变化对钻孔构成了危险吗?不清楚有没有找到答案,因此争论集中在防爆器上。

“是的,道达尔公司在安哥拉近海也使用了防爆器的。”大卫·班尼斯特从沙特阿拉伯回答说，他这期间已经被派到那儿去了。“可我在那儿也没见声呐安全开关。我相信道达尔公司没有使用它——至少在‘骄傲非洲’号上没有使用。”有关这个问题，截至编辑结束时我都没有收到道达尔公司的回答。

但我从班尼斯特那儿还了解到其他一些事情。当道达尔公司和其他的石油巨头因 2009 年的经济危机未实现他们的利润目标时,他介绍说,“他们全都拔出了斧头,将他们的安全部门砍削得只剩下骨头。”因为人们错误地认为,安全只会花钱,实际上它甚至帮助节约成本。

现在英国石油公司痛苦地体验了这一教训。公司不得不承认，事故后的成本在头 6 个星期加起来就超过了 10 亿美元。这里面包含清理工作的费用、用来减去喷油钻孔压力的减压井、最早的损害赔偿费和国家的支出。此外,美国法庭还收到 4 万多起要求英国石油公司赔偿损失的起诉。奥巴马总统从一开始就声明过,要将清理工作的全部费用算到英国石油公司头上。6 月中旬英国石油公司老板托尼·海沃德同意向一家油害受害者帮助资金的账户汇去200亿美元——在他被英国石油公司监事会任命为集团危机经理前两天，也要支付给平台经营者泛洋公司和负责井坑灌浆的能源和装备集团哈利伯顿公司(Halliburton)。

人们还在猜测损失的总数，跨度从60亿美元到600亿美元。最大一笔未知损失是海湾地区的渔民、牡蛎养殖者和旅游经理商还将提出的损失赔偿。但仅在危机年2009年英国石油公司就实现了140亿美元的利润，在2010年的头一季度赢利已经达到60亿美元以上。因此集团宣布，他们能承受得起这笔费用，尤其是分别以25%和10%参股灾难油田的企业阿纳达科石油公司(美国)和三井株式会社(日本)也必须分担它们的那部分。

尽管如此，英国石油公司的股价还是引起了专业行家的关注。企业股值在事故后头两个月下降近半，下跌之深乃近十年所未见。一些分析家甚至揣测集团有可能瓦解，被对手收购。光是为了200亿美元的帮助资金，英国石油公司就不得不卖掉最早的企业股份，重新借贷。无论如何，这家在一场花钱很多的宣传攻势中由“英国石油公司”改名为“超越石油”的集团的形象较长一段时间被毁掉了。

墨西哥湾的灾难是否会阻止石油巨头们向深海继续推进，这是值得怀疑的。已经注入的投资是巨大的，南美洲和西非沿海至今并没有因为那场灾难有什么改变。另外，全球的石油需求是不断上升的，在中国和中东这样的国家需求还在急剧上升。道达尔公司在安哥拉的新闻发言人阿梅丽亚·桑塔娜对我的询问反应镇定。“类似的情况下道达尔公司自然会承担它应负的责任。"除了产生的清理和维修费用，在安哥拉甚至还另有一笔罚金。我没有问出罚金多高，但道达尔公司不会考虑中断在深海的开采。"发生事故时我们会调查起因是什么，我们如何能够解决问题，但生产会继续下去。"当我们在巴黎见面时让·弗朗休斯·明斯特就肯定地说。"顺便说一下，假设这么一场事故根本不现实。"他的同事安托万·塞尔库补充说。塞尔库领导了安哥拉近海的太阳花油田开采设施的建造，对它的安全坚信不疑。"尽管始终存在一定的风险，我不相信我们有一天会陷入这种困境。"英国石油公司的管理者们在"深水地平线"号爆炸前大概也这么相信过。

在"骄傲非洲"号上我问大卫·班尼斯特，他们是否知道他们正在钻探的海底的特征，道达尔公司显然定期在这儿进行环境研究。这个嘛，他回答，他们每次钻探前都会派深潜机器人查看海床，确保没有小石块或别的什么妨碍或增加钻井的难度。工作期间他们也不断派机器人下去检查钻孔，但不是去寻找动物。他们也不会从海底采样，无论是钻探前还是钻探结束后，他对环境研究毫不知情。

班尼斯特耸耸肩，这不是他的任务，更不是他的专业领域。他们只执行道达尔公司和安哥拉政府要求的事情。"可是，我们每次看到鲸鱼或海豚，都会记录进航海日志。就我所知，如果附近有鲸鱼，用气炮寻找新油田的勘探船就会中断工作，以免损伤这些动物的听觉，听觉对它们确定方向很重要。"

我讲给他听在安哥拉近海考察过的法国海洋开发研究

院研究人员的发现。在我动身前往安哥拉之前我就已经阅读过了 Biozaire1 号和 Biozaire2 号的考察报告。我告诉班尼斯特珊瑚礁和有着丰富物种的冷泉及看上去像荒漠的海底的生物。班尼斯特感兴趣地听着,他至今对法国海洋开发研究院来安哥拉考察的事一无所知。谁也没有向他指出过深海里敏感的生态系统,在我们脚下很深的海床上还有东西生活着,对道达尔公司的这位石油钻井安全负责人完全是桩新鲜事。

“我们定期派人从海底取样,进行检查。”安哥拉的道达尔公司的总经理奥利弗·兰格文特说道,他的办公室里开着空调,我坐在黑色皮沙发椅上,窗户朝着卢旺达的海滨大道。我就环境研究询问这位经理,道达尔公司声称自 Biozaire 考察结束后就在近海进行这些研究。兰格文特解释说,详情他不清楚,但就他所知,大约每 5 年要从深海取样一次。

我问这个时间间隔是不是太长了。“没有理由经常查看那里是否一切正常。”兰格文特回答说,“我们有丰富的在较浅水域开采石油的经验,我们对深海区域的影响与对近海海底的影响不会有本质的区别。”勒奈克·梅诺恐怕会反驳这个说法,因为第一,石油开采对浅水域生物群体的影响就不是不用担心的。其次,深海是不好跟浅海比的。

在动身前往非洲西南部的这个国家时我就请求过允许我跟道达尔公司负责安哥拉近海环境研究的工作人员谈谈,白费劲。尽管我一再询问,无论是在那里的时候还是在我返回之后,我都没能了解到谁熟悉这些研究,是在哪里取的样,至今有什么结果。直到我为本书再次追问时,我才通过电子邮件收到一个还算具体的答复。

“1998、2000 和 2002 年在道达尔公司勘察过的采油区域进行过监督研究。”斯特凡·普利松·绍尼写道，他是安哥拉道达尔公司的卫生和环境部负责人，“研究结果一方面说明这地区物种不多，另一方面说明看不出石油和天然气开采对环境有影响。”这一说法与法国海洋开发研究院研究人员的结论是相互矛盾的。虽然勒奈克·梅诺及其同事们也认为这些影响不是很严重，但这一带的物种很多，多年后研究人员还在钻孔周围测量到了相当的罪证——海床上的生态系统很可能变化得很厉害。

普利松·绍尼承认，道达尔公司一开始也没有检查“太阳花”号和“大丽花”号区域的特性，直到 2009 年才在那儿开始了一次广泛的环境研究，他写道。为此从水柱和海底提取了试样，拍了照片。他们在道达尔公司钻探找油或已经开采的所有深海地区待了三个星期之久。这些试样被寄去滨海镇、巴塞罗那和伦敦的实验室，对动物种类进行分析和分类，现还在等待结果。

即使研究来得太晚，对现有成果的分析也值得怀疑，但道达尔公司毕竟在努力开始胜任它作为深海先驱的责任。闯进深海的其他石油大亨，至今没有谁做过更多的环境研究。相反，普利松·绍尼写道：“许多集团在等待我们的成果，然后计划将我们的方法用于他们自己的深海调查。”

英国石油公司、雪佛龙公司和道达尔公司等几个石油大亨参与了一个由英国海洋研究人员创建的项目——SER-PENT，现有工业技术基础上的科学和生态的 ROV 伙伴关系。这是一个网络,它让研究人员能够使用石油集团工作时动用的 ROV 拍摄的图片。偶尔他们也可以将机器人用于自己的调查——正如罗伯特·卡尼在墨西哥湾的同事在“深水地平线”号上所做的那样。可惜情形复杂,目前无法公开使用这些图片,卡尼写道。对于研究人员,SERPENT 是一个额外的可能性,让你可以在至今无法到达的地方看看深海里面。已经靠这样的方式发现了几种新动物,但该项目也无法取代全面的环境研究。

石油工业耐心等待、无忧无虑的态度虽然应该批评,但这只是勋章的一面;因为将在其深海水域开采油气的国家的规定可想而知也是非常自由散漫。至今全球没有哪里规定必须在入侵深海前进行一次生态普查或为深海油害做出预防措施。后果严重的是,事实表明在美国也没有。

大卫·班尼斯特报告,安哥拉当局在检查钻探和开采活动时尽可能置身事外。他们信赖石油大亨们的分析和“最佳实践”。事实上,安哥拉的石油开采法相关条文仅有两段。里面规定,企业应该做出“必要的防护措施”,保护环境;要将“阻止伤害”的计划送呈主管部门,“包括环境研究和检测”。没有专门谈到深海,该条款适合所有的开采活动,包括陆地上和水下的。

斯特凡·普利松·绍尼告诉我说,道达尔公司总算因为这两条规定于2009 年进行了环境研究——这是在跟安哥拉当局的磋商中进行的。反正安哥拉政府压根儿也没有计划自己研究、监督集团在深海的工作。这个国家对“深水地平线”号那样的事故更是毫无准备。安哥拉近海不像美国那样有完整的清理指挥部在听候调遣，如今那里投入了 22000 多名志愿者和 17500 名国民警卫队的士兵，来让海滩、鸟和水摆脱油。另外全球公众恐怕只会很少了解到灾难——在安哥拉，严格限制外国电视团体、记者和新闻机构的进入，我们的拍摄许可证的申请也是过了几星期后才被受理的。

不管怎样，墨西哥湾事故之后，美国至少发生了一些变化，因为灾难的责任显然不仅仅在英国石油公司、泛洋公司等：据《纽约时报》和《华盛顿邮报》报告，美国原材料管理署 MMS（矿产资源管理服务）未按规定先与海洋和大气管理署协商，就同意了近海的三百多次钻探计划和 100 次用地震仪寻找油田。署里持批评意见的生物学家和技术人员也“例行公事地”被否决了，安全和环境风险的警告遭到忽视。

另外，“深水地平线”号的防爆器在投入使用前未经检测。“从未有人告诉过我，要对它进行检查。”管理署一位工作人员面对美国国会辩解说。原材料管理署的一位发言人承认，在布什政府执政时他们承受着巨大压力，要他们别给石油工业的生活增加麻烦。不久署长伊丽莎白·比恩鲍姆就引咎辞职了。内务部部长肯尼迪·萨拉扎尔宣布改组原材料管理署，并将安全检查员的数量由 60 名提高到 300 名。

奥巴马总统暂定 6 个月禁止出售新的深海油田许可证——更准确地说，是深度超过 500 米的水域的。另外，据说只要事故原因没有澄清，就不能开钻新井。要求提高石油平台的安全新标准。这一切都可能导致深海开采带给集团们的利润很快缩水。但国家方面至今没有彻底改变海上活动。它们首先应该帮助减少美国对进口外国石油的依赖——有疑虑时这一论据的分量大过安全或环境政治的顾虑。

在“骄傲非洲”号的指挥舱里，我了解到了安哥拉政府在深海追求的是什么利益。就在一张摆满钻井船航海日记和工作计划的橱旁，大卫·班尼斯特指着一张很像彩色棋盘的图。小方格都编有号码，总共 74 个红、黄和蓝色的正方形将安哥拉沿海的海底分成了一个个区。班尼斯特解释说，那是分区找油的区。

“这是所谓的区段，安哥拉政府出租给外国石油集团的许可证地带。”根据《联合国海洋权法》，安哥拉政府拥有的海域直到距离海岸 200 海里的边界线。这样一来，海水、海底及全部原材料，从鱼到珊瑚直至石油，统统属于安哥拉。从前安哥拉近海的勘探许可证还相当便宜。道达尔公司在 20 世纪 90 年代花 20 万 ~30 万美元买到了最早在深海钻井找油的许可证。今天，每次勘察安哥拉政府收取最高达 10 亿美元的费用。“毕加索的画得趁便宜的时候买。”波城研究中心的一位道达尔公司的工作人员曾经说道，“当年，在 20 世纪 90 年代，安哥拉还属于内行人秘密指点的地方。”

道达尔公司及时看到了最好的蛋糕之一。“我们在这儿，”大卫·班尼斯特用手指指着地图北方的一个小格子，它被别的区包围在中间，“第 17 区段。太阳花油田差不多就在这儿。”他指着区段下半部的中间位置，“这儿是大丽花油田。”他的手指往右移动一段。道达尔公司的战略家们说起 17 区段都只讲“黄金区段”——在安哥拉近海的其他地方至今没有发现哪儿的油有这儿多的，走运。道达尔公司希望这样的运气很快再重复一回。大卫·班尼斯特指着第 32 区段，它西侧与第 17 区段毗邻，正好位于按照图示海底一直倾斜到 2500 米深的地方。“接下来将把‘骄傲非洲’号投入那里。”班尼斯特说，眼下道达尔公司的大多数勘探活动都在 32 街区进行。

安哥拉政府靠出售深海许可证大把捞钱，每年各区段的租赁权都会通过新一轮拍卖出售给出钱最多的一方。除了这些收入国家还从出售石油中分成，所以卖油的钱不仅流进各石油集团的钱箱里。逗留在非洲近海这些浮动城市船上的最后一天，我了解到这使得安哥拉如今在国际市场上扮演着崭新的角色。

我的手指抓紧缆绳，左脚摸索下一级木梯，我仰头上望，汗水直淌。可以看出两个小小的人影，他们俯身在舷栏杆上，朝我喊着什么。那些人影标志着我往上爬的目标——“宇宙宝石”号超级油轮的甲板。我站在一根吊在油轮红色外壁上的软梯上，回头张望。

在我身下大约 10 米的水面，日出之前将我从大丽花油田送来油轮的快艇在上下颠簸。太阳照在我身上，一位态度友好的安哥拉人在下面抓牢软梯底端，微笑地抬头看着我。没有直升机，晃悠悠的梯子是登上这艘油轮的唯一海上途径，油轮像一座五层楼的房子高耸在水面之上。

我费劲地继续往上爬了几级。我的左右两侧啥也没有，只有海洋，软梯随油轮颠簸得相当厉害，我可不想跌回快艇上去。有一刹那我问自己，我选择这个职业是否正确。

当我膝盖哆嗦着爬上油轮时，甲板上已经没有人在等我了。舷栏杆旁的男人已经被叫去了他们的岗位，开始上班了。我望向船尾，看到他们在那儿作业。一根一米粗的黑色油管从水面伸出来，竖在舷栏杆上方，油管挂在吊车的吊钩上，吊钩将它从油轮的甲板上方越拖越远。伴随着大声的喊叫，在紧固带和锤击声的帮助下，它被固定在油轮的一只一人高的阀上，然后是另一根粗大的黑管子，它也被连接在一只阀上。

“宇宙宝石”号是来抽空“大丽花”号采油船腹部石油的。这艘超大型油轮能装运 200 万桶油。下午之前一百万桶油将通过软管流进它的油箱，余下的货物“宇宙宝石”号将去尼日利亚装取。按每桶 100 美元的油价——2008 年的平均价——“大丽花”号腹中石油的市场价为 1 亿美元。每两天有这么一艘超大型油轮停靠在距离“大丽花”号和“太阳花”号浮式生产储存卸货装置大约两公里远的加油浮标旁，安哥拉成了全球超大型油轮航线上最重要的咨询点之一。

“宇宙宝石”号油轮是英国石油公司租赁的，正在前往加拿大东海岸的油港卡纳波特港。“大丽花”号采油船的领航员介绍说，他夜里已经给这艘油轮领过航，将它领去了加油浮标。“不过，”他补充道，“我们这里开采的大部分石油，都是运去中国或美国的。”如今从安哥拉运去美国的油多于从科威特运去的两倍。

石油出口收入的一半归石油集团，另一半被以税收和租金的形式交给了安哥拉政府。另外，安哥拉国家石油公司越来越频繁地以油田和开采设施的股东身份出现，它也受政府委托负责石油许可证的管理和租赁。这家几年前国际上还几乎无人知晓的公司如今成了许多银行及运输、机械制造和电信企业的所有人。安哥拉国家石油公司就这样发展成了非洲大陆上最强大的集团之一。

如今，美国进口的石油有15%左右来自整个几内亚湾，非洲西海岸的海域。据美国能源部称,这一比例在接下来的几年里将升至30%。非洲西海岸对美国具有战略优势,前往北美的运输道路短,这些新的石油来源会减少对冲突不断的近东国家的依赖。

安哥拉在几内亚湾扮演着领先角色。深海油田让这个国家跃升为撒哈拉沙漠南部非洲最重要的石油生产国——道达尔公司成了全非洲最重要的石油集团。2008年,安哥拉的开采量为每天200万桶左右,首次超过了黑非洲此前的石油巨人尼日利亚。

安哥拉的崛起也没有瞒得住强大的石油出口国组织(OPEC)。谁是石油市场上的重量级国家,长期以来似乎是确定的,石油出口国组织的创建国伊拉克、伊朗、科威特、沙特阿拉伯和委内瑞拉及后来加入的卡塔尔、阿拉伯联合酋长国、黎巴嫩、阿尔及利亚和尼日利亚。但2007年安哥拉被接纳进了石油出口国组织,成为30多年来的第一位新成员。从此,每当要确定采油量时,卢旺达的政府都参与决定,从而影响到油价和全球的经济金融世界。

若昂·康甘加坚信,“这一发展将帮助安哥拉脱贫。”从“大丽花”号浮式生产储存卸货装置飞回的途中,在大西洋上空的直升机里,这位高挑颀长的安哥拉人戴着时尚的无框眼镜,向我描绘了他的希望——又是大声喊叫着,好盖过飞机的噪声。“深海采油是我们国家的一个巨大机会。”

至少对康甘加本人是这样。这位道达尔公司的培训负责人，在他5岁那年，他父亲就在内战的混乱中“失踪了”。从此康甘加的母亲靠在医院里帮忙，养活他和他的两个弟妹。康甘加讲，战争快结束前她有一次去卢旺达附近找亲戚，车子压着了一颗地雷。母亲去世时若昂·康甘加19岁。当时他已经开始在卢旺达学习工程学了，重点是石油化工。他说当时就这个行业还有未来。他跟他的弟弟妹妹一起生活，拿到毕业文凭后就职于安哥拉国家石油研究所，直到20世纪90年代初被道达尔公司挖走。他回忆说，他同时接到了三家外国石油集团的询问——安哥拉的石油工程师很少。

从此康甘加就扶摇直上，道达尔公司出资让他继续深造，将他派去法国和美国，最后任命他为安哥拉近海深海设施船上的培训负责人。康甘加坚信石油开采对他的国家具有积极的影响，这不奇怪。

事实上，大约自2005年起，安哥拉的经济就每年增长20%左右——这是一个世界纪录。估计石油生意带给安哥拉的年收入在200亿美元。但是，除了钻石出口的微薄收益——这差不多是国家唯一的收入，石油占出口量的90%及国家预算的80%。这种单一性也很危险。一旦石油行业崩溃——2009年险些就出现这种情况——这个国家就有破产的危险。

如今，在安哥拉国内，首先是深海石油项目又加快了速度，但民众几乎享受不到这一新财富。待在陆地上的那几天，我去过一座卖水果、面包和廉价服装的路边市场。我坐车穿过没有尽头的简易棚屋居住区,那里面既未通电也未通自来水,我参观了一所学校和一家孤儿院。卢旺达街道上的气氛让我觉得紧张、压抑。按照安哥拉驻德国大使馆的说法,安哥拉的居民 90%以上生活在贫困中。

总统若泽·爱德华多·多斯·桑托斯在 2008 年的竞选中承诺——竞选以他再次当选结束——要继续实施无数“重建国家的项目”,百废待兴——要新建学校、公路和铁路,改善电力供应,垃圾和废水的清理要现代化,要为农业的正常发展奠定基础。就连在几乎未受战争破坏的卢旺达,基础设施也还离正常运转很远。停电是家常便饭,下水道不堪重负,只有极少数人享有净水或电话。

安哥拉的重建还要持续好多年,耗资数十亿,这一点观察人员的看法是一致的。虽然由于有石油,钱原则上是不缺的——这是安哥拉与那些过去差不多一样贫困的国家的区别。问题只是,石油收益总有一大笔消失了,却查不出它们去了何处。

国家货币基金、国际透明化和国际法观察等组织纷纷抱怨,多斯·桑托斯的政府无法为这数十亿美元的去向提供任何证据。同时,在卢旺达的少数高档社区,政府官员居住的别墅区在继续扩大。如今,越来越多的外国企业公开它们的支付渠道。道达尔公司也加入了采掘行业透明度行动计划(EITI),一个全球性倡议,参加倡议的是那些想让原材料地贸易的收益有利于所在国家居民的国家和企业,目的是要消灭腐败促进长期投资。另外这家集团还独自资助学校、医疗机构和培训场所。安哥拉政府感激地接受了,但它至今没有

加入采掘行业透明度行动计划的倡议。

对安哥拉国内政策的稳定性和整个地区的安全的担忧不仅折磨着石油集团，它们都想 20 年后也能安心地在这儿开采石油，卢旺达港口里也越来越经常地停靠有异常的客人——美国海军的战舰。几年来它们就在沿着几内亚湾的整个海岸巡航，虽然是为了和平的使命，但也怀着一目了然的目的，也要在这个至今很少受到重视的地区扩大它的影响。美国海军于 2007 年夏天成立了非洲协作站。一支美国海军自己的舰队，在非洲西海岸沿线训练军人、提供咨询，“在技术问题上给予支持”。

美国海军陈述这个倡议的理由是，在几内亚湾沿岸，富裕和安全正受到威胁。主要是“由于缺少深海统治力量”。缺少监督机制导致非洲西海岸近海出现“非法捕鱼，毒品走私，人口走私，环境问题，海盗和偷石油”。美国海军想通过“帮助自助”预防危险。海军说：“一个富裕和稳定的非洲不仅有利于非洲人，也有利于全球其他地区。”这个地区战略上对美国越来越重要，他们想在这里结交朋友，实施监督。

很快就可以执行其他步骤了。这样，尼日利亚、喀麦隆和加蓬近海海湾里的岛国圣多美和普林西比的有利地形，就已经被美国军方拿来跟迪戈加西亚岛的战略意义相比了——后者是印度洋里的一个军事基地，用于在阿富汗和伊拉克的行动。据说，安哥拉石油的第二大买主中国也想提高它在这个地区的影响，经济上中国已经在许多非洲国家站稳脚跟了。

为了扩大在非洲的责任，美国国防部除了非洲协作站还成立了一个新的地区性军事司令部——美国非洲司令部，简称 AFRICOM。美国非洲司令部还与美国欧洲军事司令部设在同一地点——斯图加特。据说眼下正在非洲寻找一个合适的总部。美国海军建议将美国非洲司令部驻在航空母舰和舰队上。这样，一旦非洲近海出现冲突，可以迅速赶到现场。

就连联合国都认为必须对几内亚湾海域加强监控——并非自从非洲东海岸的许多海盗事件以来才这样的。军事联盟的专家们几年来就在仔细考虑，如何能够更好地保障石油集团的海上设施和油轮的运输通道——德国海军也参与了。

事实上，无论是面对恐怖袭击、绑架或海盗，还是面对其他来自海上或空中的袭击，安哥拉沿海的浮式石油工厂都是没有保护的。没有保安队巡逻，船上没有武器，没有船只在开采区域查看是否一切正常，无论是安哥拉的军方还是石油集团都没有这方面的配备。

如今，深海油田不仅导致几内亚湾开始采取军事措施，当巴西近海发现油田之后，估计那里总共有 500 亿桶的巨量石油，这个南美国家定购了四艘新的军事潜艇，其中有一艘应该是核潜艇。

这种威慑措施并非偶然，因为深海石油，那些准备争夺海上主权的国家之间起争执的风险越来越大。不仅在安哥拉，在巴西近海也即将出现这种纠纷，其他许多国家的近海也不例外。研究人员和石油集团侵犯海洋越深，他们在那里发现的原材料越多，那个数千年来都不重要的问题就越加迫切了：深海原材料属谁所有？谁可以开采它们？

至今主要是发生在陆上的边境争执，转移到了海上。在所有发现了新矿床的地方——在之前被视为无法到达的深海里，谁可以支配深海宝藏？21 世纪初，这个问题将导致渴望资源的国家之间的新的争端。

海洋属于谁所有?

海上炮艇

2007 年 8 月 2 日，俄罗斯海洋研究人员的考察活动轰动了全球。“俄罗斯争夺北极”、“莫斯科提出它的要求”、“争夺北极地区”——报纸上充斥着类似的标题，考察活动成了大多数报纸醒目的头版头条。

考察图片传遍全球——一台大型破冰船穿过嘎嘎作响的冰块在北极的阳光下作业，船上飘拂着一面俄罗斯国旗；另一艘船负责运输贵重的货物——俄罗斯的“和平 1(Mir1)”号与“和平 2(Mir2)”号科研潜水器，它们最深能下潜到 6000 米，它们被先后放进冰冷的海水里。然后是水下照片——一只潜水器打开探照灯，越潜越深，直到浅褐色的海床。可以看到三个人，他们坐在潜水器内，兴奋地望着窗外。在那里，潜水器的抓臂抓着白、蓝、红三色条纹的俄罗斯国旗，金属爪子慢慢放下旗帜。当它的圆脚接触到海床时，搅起一团淤泥。片刻之后俄罗斯国旗——用不生锈的钛和橡胶制成——就插在了北极的海底了，在 4261 米深的地方，正好是在地理学上的北极。

“北极是俄罗斯的！”当他重新爬出潜水器时，考察队队长阿图尔·奇林加诺夫叫道。插旗者得到其同事和被邀媒体代表的狂热欢呼。这些图片透露出一个明确的信息，奇林加诺夫在接受采访时喜欢一次次地解释：“我们是想证明，北极海底属于俄罗斯大陆。”这位俄罗斯地质学家和极地研究人员是受克里姆林宫的委托出海的，他已担任俄罗斯政府北极地区特使多年。“谁在百年或千年后下潜去北极，”奇林加诺夫高兴地说，“都会在那里见到俄罗斯国旗。这有点像在月球上，只不过方向相反。”

北极的旗帜是一出政治事件。不出所料，在俄罗斯考察之后的几天和几星期里，国际上掀起一场愤怒的浪潮。首先是北极地区的其他邻国——挪威、格陵兰岛（在外交上由丹麦代表）、加拿大和美国——都将这一行为视为政治侮辱。像德国这样的国家也警惕起来了，北极地区是国际区域，自古以来不属于任何人，数百年来人类几乎无法涉足那里。德国和其他贸易国家原希望有一条通往太平洋的不冻、和平的航道，但这场政治风波似乎要将这一希望挤得遥不可及了。

发生什么事了？自从北极的海冰因全球变暖融化得越来越快，科学家们头一回仔细考察起这北部的海洋。几年前美国地质服务所宣布，北极下面可能储藏有巨量油气。俄罗斯和其他国家认真聆听。这些地质学家虽然现已将他们的猜测下调了一点，但他们仍相信北极下面沉睡着多达 900 亿桶石油，这将是全球已知石油矿藏的 7.5%。再加上估计的 47 兆立方米的天然气，约占全球藏量的 30%。尽管还不清楚这些数据能否持久，周边国家，特别是俄罗斯，都推测北极深海里有一笔数十亿的生意。

为回应俄罗斯的旗帜事件，各国纷纷举行实力示威：加拿大在北极地区进行军事演习，宣布要制造冰上行驶的巡逻艇。丹麦开始绘制北极地区的海底地图，提出自己对北极的拥有权。自冷战结束以来美国和俄罗斯首次派出核潜艇和轰炸机在北极地区巡逻——声称纯属例行公事。但是，一些观察家看到冰冷的北部海洋里正在酝酿一场"新的冷战"，这不奇怪。

这些威胁姿态如今基本上平息了，北极周边国家共同召开国际会议，寻找一个和平的解决方法，但争执不断，不安的情绪在增强。在安哥拉近海，最重要的大国美国提高了它在这一地区的军事形象，主要是因为深海的石油。巴西想购买的潜水艇和北约的战略考虑也暗示着未来将冲突不断。北极的场面不久就会在许多地方重复吗？在世界近海，未来将存在爆发原材料战争的风险吗？

在寻找答案的过程中我遇到了那个男人，他算是发生海洋争执事件时全球举足轻重的专家——吕迪格尔·沃尔夫鲁姆。68岁的他是苏丹的冲突顾问、教授，担任海德堡的马克思·普朗克国际法研究所所长，自1996年起他是汉堡国际海洋法法庭的21名法官之一。2005—2008年，作为德国领土上这家世界法庭的庭长，他是联合国地位最高的海洋法司法家。

在汉堡易伯河林荫道上的许多高档房产的行列中，1996年成立的国际海洋法法庭因其空间宽敞而突出。公园小山上的一座古老别墅经过维修，扩建了一幢现代化的建筑群。四层楼、通光好，透着威严宏伟，又不过分张扬。从空中看这座新建筑宛如一枚船用螺丝。谁想进入法庭，必须像机场那样接受护照检查和金属探测器的检查。海洋法法庭是一个治外法权区域，无论是德国还是欧盟在这里都没有发言权。大门外高悬着一面蓝色旗帜，旗帜上是法庭的耀眼徽章——两根波浪线上方一把银色的秤，波浪线象征水面。周围是两根橄榄树枝，这是联合国所有徽章的标记。

法庭的新闻发言人尤丽娅·李特尔领我穿过长廊和通道来到顶层，前往吕迪格尔·沃尔夫鲁姆的办公室。大楼里共设有 3 个法庭、11 个会议室、25 间法官室和 74 间办公室。不过，一年中的大多数时间这里都空荡荡的。如果不是正在举行研讨会或谈判，楼里只有来自 18 个国家的 37 名常驻工作人员，他们负责管理图书室、研讨会的准备工作和新闻工作。

只有要开会研究海洋法的新发展或预算时，来自 21 个国家的 21 名法官才前来汉堡。在必须谈论法律时，当然也会来。如果海上发生了什么争执，就需要他们介入。边界线、渔业权利、环境污染，尤其是开采矿藏，他们的工作基础是联合国的海洋法公约，全球大多数国家都在上面签过字。因此，实际上汉堡为和平解决政治冲突预先做好了最佳准备。

"到目前为止海洋法法庭共处理了 15 起案子，"在领我走进吕迪格尔·沃尔夫鲁姆的办公室时，尤丽娅·李特尔统计说，"都是事关渔业权问题的。有时是一支船队未经允许在另一个国家的近海水域捕鱼，有时是超过了捕鱼指标，都是这种事情。"相反，至今在汉堡还没有处理过一起海上领土要求的案子，而这方面要解决的事情够多的，比如在北极地区。

“海底的俄罗斯国旗是一起漂亮的媒体炒作事情，但也没有什么别的意思。”当我们在他的明亮的大办公室里坐下后，吕迪格尔·沃尔夫鲁姆微笑着说，“从国际法的角度看这旗帜毫无意义。”

那么，这所有的激动都是没有理由的？法官严肃起来。“不，”他加重语气说道，“俄罗斯人通过这一行为十分优雅地指出了北极地区存在的一个问题，但也不光是在那里，那就是海洋属谁所有的问题。”这个问题果然出现在全球越来越多的地方——自从深海里越来越多地发现了原材料以来。吕迪格尔·沃尔夫鲁姆认为有一点是肯定的：将来，他们的海洋法法庭会因为这种争执“忙得不可开交”的。

因为在俄罗斯的推进背后，不是自大狂的突然发作，虽然事情也许显得这样。那次考察，俄罗斯的潜水器不仅插了旗帜，还从海底提取了许多地质试样，目的是要论证一个完全符合国际法的申请，俄罗斯想用这个申请扩大它的海上领土。

“要解释这里到底是为了什么，我们不能不去海洋法史里郊游一回。”吕迪格尔·沃尔夫鲁姆微笑着说道。我在椅子里换成一个更舒服的姿势，聚精会神地聆听。

目前执行的《联合国海洋法公约》是1994年生效的。之前这方面是一片混乱，数百年来海上就流行着“海洋自由”，没有分界或法律限制全球海洋上的水手和渔民。直到18世纪初那些崛起的国家才要求归还海洋所有权。一位荷兰法学家提出了在离海岸3海里处划定边界线的建议。这个距离不是巧合,3 海里区之外的一切应该仍为国际水域, 不属于任何人。

这个规定哪里都没有书面约定,但它作为习惯做法得到认可。可早在 19 世纪就有越来越多的国家感觉被它限制了,它们要求更大空间的国家区域——以保护鱼类丰富的区域不被外国掠夺,军事保障它们的贸易船队的运输航道。海上冲突就此出现,无数争执悬而不决。20 世纪初,第一批国家自行在他们的近海确定了一条较宽的边界线,争夺海上领土权利的竞争开始了。

第二次世界大战结束后,海洋法问题终于被提到了国际议事日程上。有一点新成立的联合国成员是一致的,必须制定一部具有国际效力的海洋规定。但又过了 30 多年,所有争议点才得以澄清。从 1949 年的首批协调到 1982 年联合国颁布海洋法公约,必须先宣布一些现存条约、双边约定和任意划出的海上边界线无效,调整旧措辞,找到新表达。又过了 12 年,才有总共 60 个联合国成员国批准这个协议,使它终于在 1994 年年底得以生效。

今天共有 159 个国家将国际海洋法公约(UNCLOS)收进了它们的国家宪法。德国也在 1994 年 10 月批准了该公约。未加入的国家,继续执行自己的规定。这些规定虽然经常与海洋法公约吻合,但不接受海洋法公约的仲裁——因此也不必得到承认。

吕迪格尔·沃尔夫鲁姆在我面前打开一本厚厚的地图册。"海洋法公约将海洋分成三个区。"他解释说,拿一支铅笔在一张德国北海海岸图上沿着一根粗线移动，这根线从东弗里西亚群岛向上延伸到叙尔特岛。“这是第一个区，12 海里区。这条线内的海洋是国家领土。”吕迪格尔·沃尔夫鲁姆解释说。这就是说，那里要检查护照，征收关税，有疑问时可以动用军队贯彻国家的宪法。

“紧挨这个近海水域的是第二个区，所谓的专属经济区或 200 海里区。”沃尔夫鲁姆的圆珠笔伸出到海上，那里有根粗线，线尾是个尖尖的楔形——德国的专属经济区夹在荷兰和丹麦的专属经济区之间。在不足 200 海里的地方，这些国家必须找到共同的解决办法。“在这个区里该国家可以拥有海里的自然资源的使用权。”沃尔夫鲁姆说道，“也就是生物和矿藏的使用权。它可以制订捕鱼业的捕捞额度，颁发寻找原材料的许可证，决定是否开采它们。”这个国家可以保留 200 海里区内的渔业和原材料开采的全部收入——这给安哥拉带来了新的财富。

“这根边界线之外的一切构成第三区，也是最大的区——远离海岸的海洋，国际海域。”沃尔夫鲁姆结束他的解释。远离海岸的海洋范围很大，有全球所有专属经济区加起来双倍大。从国际法角度看，近 65%的海洋至今不属于任何人。

但这个区将来可能会越来越小。海洋法公约允许所有签约国，将它们的领土权扩大到最多距离海岸 350 海里——依据它们沿海的所谓大陆架，也就是地质学上还属于大陆的海底范围，延伸向海里多远而定。在这个额外的区里它们虽然不拥有公共水域里的鱼或其他资源，但拥有海床和海底下的全部资源。水域仍是国际海域，土地隶属那个沿海国家的领土权。

“俄罗斯是最早使用这条规定的国家之一。”吕迪格尔·沃尔夫鲁姆解释说，“它提出了扩大其领土权的申请。”但俄国的申请还没有获得批准。

日本和韩国之间的一起事件就说明了，如果不明确确定海底原材料属谁所有，会造成什么后果。比起这件事，北极的俄罗斯国旗简直就是小巫见大巫。这起事件发生在2006年，事件的背景至今仍具有现实意义，问题依然没有解决。它表明，光是200海里规定就包含着许多纠纷的可能性。

2006年4月，在日本和韩国之间的海域发生了一次军事冲突。欧洲广播机构和报刊几乎没有关注这起事件，不像韩国和日本的媒体，他们都在主要新闻里报道了该事件。我让那里的电视台给我寄来了电视节目，我所看到的，令我透不过气来。

2006年4月14日，星期三，一艘日本科研船驶向位于日本和韩国之间海域中的一个微小的群岛——据说他们是想测量这些无人居住的岛屿周围的海底。一百多年来都不明确这些群岛属谁所有，双方都提出主权要求。日本称这些植被稀少的礁石为竹岛，韩国叫它们独岛。它刚好0.2平方公里，只有赫耳果兰岛面积的1/5。但有关又名竹岛的独岛的争执在这个地区却象征着日韩两国强烈的世代敌意。

过去几十年里就曾经爆发过一次冲突。那是在1954年，当时韩国在群岛上设了个警卫哨，建了一座直升机降落场。

这对于日本不啻是个挑衅，因为韩国直到“二战”结束都处于日本的殖民统治之下。先后发生过几次武装冲突，冲突的高潮是韩国击沉了一艘日本海岸防卫队的船只，但后来两个国家都克制住了，纠纷继续悬而不决。

直到几年前在群岛周围的海底发现了一种物质，它能供应无论日本还是韩国 30 年的能源，那就是甲烷水合物。在日本和韩国之间群岛周围的地面显然大量存在这种形状如冰的天然气，它也是基尔的莱布尼茨海洋科学研究所研究人员的研究对象。

两个国家在甲烷水合物的勘察上都算得上国际领先，虽然还不明白可以用什么技术开采这种天然气，但这看来只是一个时间问题。

2006 年 4 月 14 日，当日本船只接近群岛时，韩国的海岸警卫队一开始只是观察，后来一艘韩国船破浪迎向日本人。韩国人通过喇叭要求日本船只掉头，说它未经允许进入了韩国领海。当日本船只没有改变航向的表示时，韩国人叫来了增援。紧接着，一支由 20 艘韩国海岸警卫船只组成的大型舰队驶近群岛。它们一艘艘前后紧跟，驶向日船。船上有大炮、机关枪和弹药。这些海军士兵之前定期练习过射击和攻占敌船。日船掉头，没有再继续勘察甲烷水合物，没有向韩国道歉。

仅仅一星期之后这一切又重复了一次——顺序反了过来。这回是一艘韩国船想调查甲烷水合物，日本派出它的海岸防卫队，去强调自己的领土要求。韩国海岸警卫队的船又来了，两国船只都试图挤逼对方，海上出现了危险的冲撞。

直到数小时后所有船只才掉转方向,离开了竹岛/独岛。

这些事件也在陆地上引起了骚乱。在韩国首都首尔,愤怒的示威者焚烧日本国旗,暴力面临着激化的危险。当日本推出新的教科书,书里将有争议的群岛当成自己的领土对待时,韩国指责日本的新殖民主义,宣布召回它的大使。

“日韩之间的海洋像一片外交雷区。”吕迪格尔·沃尔夫鲁姆证明说,他观察这场争执好多年了。两国不仅坚持又名竹岛的独岛是自己的领土,这一带还有大大小小的岛屿无数,它们的归属权同样不明。

沃尔夫鲁姆借着一张东南亚的地图解释说:“问题在于日韩两国的200海里区是重叠的。”如果在距离韩国海岸200海里处拉一根线,日本的整个南部就都包括在里面了,反过来也类似。“根据国际海洋法规定,在这种情况下,各国应该要么就一个共同的经济区达成一致,要么相互瓜分利益。”他介绍说,“或者在该区中央画一根与两岸距离差不多相等的中线。”

日韩两国基本就是这么做的。1974年它们一致同意了它们的200海里区的边界线,它大体位于两国海域的中间。但独岛也即竹岛和其他许多岛屿是相当准确地沿着这条线分布的,争执早就注定了。在吕迪格尔·沃尔夫鲁姆的地图上,群岛周围的海洋被画成了半径分别为12海里的阴影,借以表示这些区域归属不明确。

对于日本,竹岛纠纷只是许多事件中的一件,跟俄罗斯的关系被南千岛群岛之争蒙上了阴影;跟中国,包括中国台湾,日本因中、日两国之间的钓鱼岛属于谁的问题在扭打,最近又估计岛屿周围存在油气。

中国否定日本最南的群岛冲鸟岛的身份——大海里一座有着两块突起的岩石的微小环形岛。几十年来日本就一直在加固那里的海岸，种植新的珊瑚礁，保护群岛不受风化和海平面上升的破坏。日本还堆起了第三座人造岛，在一个吊脚平台上修建了一座直升机降落场及一座气象站；因为根据海洋法规定，只有原则上可以居住时，岛屿才被承认为岛屿。日本以此方式建设了一个专属经济区，它比日本国土本身大十二倍，这令它的邻国大为恼火。中国自 2004 年起就提出，冲鸟岛不是岛屿，而只是礁石。

全球这样的纠纷有多少，哪里都没有一目了然的记载。在吕迪格尔·沃尔夫鲁姆的世界地图上虽然有许多位置画成了阴影，就像日本和韩国之间一样，但那背后经常隐藏着许多争执案例。“几乎无人知道的是，”吕迪格尔·沃尔夫鲁姆补充说，“德国也有 4 个没有解决的海上领土争执，跟荷兰、波兰和丹麦，光跟丹麦就有两个，在北海的叙尔特岛附近和东海。”争执部分可以回溯到 19 世纪中期的德丹战争。我仔细听他说。“但没有必要通过司法解决这些案例。”吕迪格尔·沃尔夫鲁姆安慰我说，“因为双方几十年来就有着良好的邻居关系，正是通过某些地区的重叠做出了妥协。”

我在 2001 年联合国秘书长的一封年度报告里发现了这种悬而未决的海上纠纷最新的官方统计数据。那里写道，共有近百条有争议的海上边界线。还有：“最新发展表明，在一系列案例中海上边界成了国家邻里关系中最敏感的话题之一——可能会影响到和平与安全。”多么正确啊！因为，每当相关地区发现了资源时，就会影响和平与安全。

事情没有停留在200海里区之争，好像联合国海洋法公约的签约国还想激化海上竞赛似的，又另外缔结了扩大大陆架要求的规定——这也在北极和其他地方引起了不安。因为不仅俄罗斯想扩大它在海底的领土要求，如今又另有70个国家也提出了可以延伸大陆架领土权的申请。这些申请主要集中在深海发现了资源的地方。

2007年9月22日我收到一位伦敦朋友发来的一封令人吃惊的电子邮件。他告诉我，英国报刊《卫报》这一天使用了“新大英帝国”的标题，文中写道：“联合王国要兼并南大西洋。”背景是英国现在也想扩大它对海底的要求。不仅英国要求罗科尔岛——北大西洋中一块微小的花岗岩，冰岛、爱尔兰和丹麦也声称拥有主权，在它广阔的周围发现了大量石油矿藏。在南大西洋中争夺的主要是阿森松岛、南乔治亚岛、三明治群岛和福克兰群岛。所有这些岛屿都属于英国，但部分存在强烈的争议。这样，英国人，1982年才与阿根廷为又名马尔维纳斯群岛的福克兰群岛进行过一场短暂却极其残酷的战争——打赢了，但那个拉丁美洲国家并没有放弃它对马尔维纳斯群岛的要求。现在阿根廷人对英国的推进也相应地表示出愤怒的反应。因为这里除了历史的要求，主要也是为了直到20世纪90年代才发现的石油和天然气矿藏。

法国扩大海底的计划也遭到了反抗。这个“大民族”此刻就已经拥有1000万平方公里的专属经济区，世界排名第二，仅次于美国。原因是太平洋、大西洋和印度洋里的许多海外领土和统治区。现在又想再加上新西兰北部的新喀里多尼亚、巴西边境法属圭亚那近海和加拿大东海岸外的圣皮埃尔和密克隆群岛周围的海底。

新西兰至今只是礼貌地指出,就新喀里多尼亚周围的边界还必须取得一致意见。加拿大的说法更明确。加拿大说,法国在它的东海岸的计划没有机会。至今圣皮埃尔和密克隆群岛都被包围在加拿大的200海里区内,只有近海狭长的一带属于法国。加拿大希望保留现状,说是不会将一足宽的海底让给法国。

所有这些争执事件如今都被拿到一个几乎无人认识的委员会处理,虽然它的意义一直在上升。这个大陆架界限委员会(Commission on the Limits of the Continental Shelf)总部设在纽约,是在联合国海洋法公约框架内成立的。它的任务是在有疑问的情况下,决定沿海国家是否真可以随心所欲地扩伸海底的边界。如果一个国家想将它的要求扩大到200海里区之外,它必须从地质学上证明,申请的海下领土属于大陆,距离海岸线最多350海里(例外的情况下还会更远)。证明材料包括海底截面图和海底沉积物的试样。

“结果必须满足海洋法公约里规定的标准,”吕迪格尔·沃尔夫鲁姆皱着眉头读道,“新边界线必须要么是在‘离大陆坡底部不超过60海里的位置’,要么海底沉积物‘至少有从这个地点到大陆坡底部最短距离的1%’。”就连吕迪格尔·沃尔夫鲁姆本人都觉得这些措辞几乎无法理解,会导致危险的误解。

他设法解释这些规定:“这个问题的关键是从地质学上

讲,一座大陆在水下什么地方停止,国际范围始于何处。"为此地质学家们的一种可能是找到海底沉积物达到一定的最低厚度的地方,证明那里地面的倾斜度还不是很陡,否则沉积物就会掉进深海。"另一种可能是,在大陆坡上找到大陆坡过渡到深海平原的位置。"可以从那里开始往海岸方向各量 60 海里,沿着这些位置画边界线,线外的一切全是国际区域。

如果有人提出申请,大陆架委员会的 21 名成员就提出一个建议:他们要么同意那个国家要求的边界线,要么要求额外的数据。只有当委员会满意了,相关国家才可以具有国际法效应地扩大它对海底的要求。

"但这些规定的回旋余地很大。"沃尔夫鲁姆提请我考虑说。从冰岛的例子就可以明显地看出来。这座北大西洋里的岛屿从地质学的角度看是中洋脊的一个隆起——大西洋底的全球最长的山脉,近 16000 公里。"可中洋脊因此就属于冰岛吗?"沃尔夫鲁姆冷嘲地问道,"那样的话,水下至少直到亚速尔群岛就都属于冰岛!"他大笑一声,"这是夸张的讲法,我不信有谁真的会这么看。但冰岛现在也提出了申请,要扩大它在大陆架的权利。问题就在这里,要说清一块大陆在水下延伸多远,是极其困难的。"

俄罗斯是第一个敢在 2001 年碰这些复杂规定的国家。它的申请由 4 页文本加 3 张北极海域的地图组成。图上画着俄罗斯要求的区域,形如一把楔子,它一直伸到北极中央——准确地说直到罗蒙诺索夫海岭,这是海底沿着地理学上的北极延伸的一座山脉。芬兰边境上的另一小块区域——

在油气丰富的巴伦克海里——将来同样应该是俄罗斯的。这样俄罗斯要求的海底就接近120万平方公里，面积有两个法国那么大。

但克里姆林宫先是收到了拒绝。2002年，纽约的委员会判定俄罗斯提供的资料不充分，申请的论据都未经证明，要求地质学家们予以补充。

这样，2007年夏天北极的俄罗斯国旗只是一次更加全面的科研考察的具有媒体效应的一部分。地质学家们花了6个星期从海底采样，对俄罗斯来说时间紧迫——必须在10年内从科学上支持申请。现在他们要在2011年之前证明，罗蒙诺索夫海岭是数百万年前从今天的俄罗斯大陆断裂开来的，因此从地质学上讲属于俄罗斯。“如果委员会同意这一申请，这将意味着，俄罗斯国旗插对了地方。”吕迪格尔·沃尔夫鲁姆说道，“到时候北极海底就真的是俄罗斯的了。”

可现在委员会就已经收到了许多相反的申请。丹麦坚信，罗蒙诺索夫海岭事实上是格陵兰的延伸。加拿大声称，这座海岭属于北美大陆。跟俄罗斯相反，这两个国家还需要多年时间，才能用土壤试样证明它们的申请。委员会要等对一个争议区域的申请全部摆在面前时才做决定，而这也并非总能有所帮助。

在巴伦克海的例子里，挪威和俄罗斯的边界长期存在争议，虽然有两封要求扩大的申请，却由此出现了一个新问题——委员会既同意了俄罗斯的申请也同意了挪威的申请。委员会的工作人员声辩说，这是不拿政治解决方案做借口，只分析地质数据。巴伦克海里的这些数据的诠释既可以对挪威也可以对俄罗斯有利,这不是他们的问题。这些工作人员无法检测海底果真属于大陆的哪部分。他们只是坐在写字台前,审核申请的可信度。设在纽约的委员会说,请挪威和俄罗斯自己去统一意见,而那两个国家根本不可能意见一致。

在非洲西海岸,类似的纠纷可能性正在积聚。安哥拉政府同样计划将海底的领土边界扩大到距离海岸线350海里——估计那里也有巨大的油田。纽约的大陆架委员会尚未收到安哥拉的申请。但可以肯定的是,南方跟纳米比亚、北方跟刚果民主共和国的边境必须重新划分,希望能够达成和解。刚果2009年刚刚盛怒地指责安哥拉,现在就已经在非法"盗取"它的近海的石油了。谁也不想将冲突激化,但科特迪瓦共和国和刚果也看中了新发现的油田——在邻国加纳的近海。两个国家都想向纽约委员会提出申请,加纳已经在准备反申请了。

这个地区的榜样是尼日利亚。这个饱受危机之灾的国家,为了陆地上的边界线曾经跟喀麦隆发生过无数次武装冲突,2009年年底尼日利亚被允许在距离海岸350海里处重新划定它的海底边界线。喀麦隆对此虽然不开心,但承认了纽约委员会的决定——估计是为了不危害地区和平,也可能是因为国际法庭此前将石油丰富的巴卡西半岛判给了它,两个国家已经争它争了数十年了。现在尼日利亚可以将比先前大了一半的区域的许可证卖给已经在等候的石油企业了——在深达3000米的海里。

我回想起来,新西兰近海的黑烟囱考察活动曾经让我觉得毫无危害,而事情正是从这种科考航行开始的——一旦在深海发现了新矿藏,拥有它们的政治愿望就会上升。结果,一些研究人员——比如日本和韩国的甲烷水合物专家——如今在工作时甚至有遭到敌方海军袭击的危险。

“太阳”号上的研究人员是在新西兰的200海里区内考察的——得到了当地政府的特许。不久纽约的大陆架委员会也批准了新西兰对海底350海里边界线的申请。因为有许多小岛,这个扩大后的领土现在几乎有澳大利亚那么大——估计布满了还未发现的黑烟囱。可新西兰也必须先跟它的邻国达成一致,它的要求跟澳大利亚、法国和汤加岛国重叠的地方,到目前为止都只划定了临时边界线,但无人预料该地区会发生更大的纠纷。

海底将被世界各国瓜分,纽约委员会甚至已经被比作刚果会议——那是受德国总统俾斯麦之邀于1884年和1885年在柏林召开的,会上决定由殖民列强划分非洲。这一比较确实有道理:在海底,争夺的虽然不是人类居住的生活空间,却是地球上最大的至今几乎还未开发的“洲”。

而纽约的委员会也公开承认,根本不能胜任它的任务。这不奇怪,它的21名成员每年只开会两次,每次4~6星期。在此期间,差不多还有这么多的管理工作人员为会议做准备。他们被淹死在申请的潮水里:2001年提出的申请只有一封,如今这股潮水涨势凶猛。几乎每星期都有新资料陆陆续续地送到,有90多封是有关海上边界线问题的,分别由70个国家呈送,委员会成员必须表态。委员会方面称,人们完全低估了这一任务的规模。

特别是缺少训练有素的专家来审查这些申请。2001年俄罗斯的申请就已经“拉响了警报”，表明“委员会必须分析巨量复杂的大地测量学的、水深测量学的、地震学的和地球物理学的数据”，一封会议记录里这么写道。委员会没有这些领域的专业人员，因此无法恰如其分地审查这些申请。委员会里也没有司法学家和国际法学家。面对任务的政治爆炸性、纠纷案数量的上升和海上的军事冲突，这样缺少专家的情形已经近乎失职了。

在海洋法法庭的主楼里我跟随吕迪格尔·沃尔夫鲁姆穿过一道宽宽的木门，门两边的墙上挂满一排排彩旗，总共159面国旗。沃尔夫鲁姆解释说，这正是在海洋法公约上签字的国家的数目。门后是个屋顶高高的宽敞圆房间，房间中央摆着两张沉重的木桌，一条宽宽的中间通道将它们分开来。

我们这是在国际海洋法法庭最神圣的地方——主审判厅。两张桌子面对审判台，几乎占据了房间的一半。半圆形贴面板台子后面排列着21台银色监控器、21只麦克风，麦克风后面是21张黑色皮沙发椅。贴面板中间是法庭的徽章——蓝色背景，象征性的水面上方是橄榄枝包围的秤。

我转过身，原告和被告席后面是听众席，墙壁上方1/3处的黑色窗玻璃让人依稀看到同声翻译们的房间。审判庭四面的大显示屏可以召开视频会议。在汉堡易北河大道旁，为了以和解的方式解决争端，一切准备都很充分。

但有件事在成立联合国法庭时没有人料到，海洋法法庭实际上是失业了。自成立以来这儿共处理过15起案子，在吕迪格尔·沃尔夫鲁姆看来这个数字反映不了海上实际纠纷的数量。另外，至今的所有案子都只是为了捕鱼，海洋法法庭还没有处理过一起有关海上边界线或深海矿藏的案子，缺少原告。尽管有北极的俄罗斯国旗，尽管有韩国对日本的炮艇，尽管有福克兰群岛、非洲西海岸近海和全球其他许多地方可以预见的争执。

但吕迪格尔·沃尔夫鲁姆仍然坚信，海洋法法庭只需要战胜发展中的缺点——许多国家的政治家或法学家至今都不知道海洋法法庭的存在。许多国家也是直到最近几年才教授海洋法的——海洋法相比较而言还很年轻。至今全世界只有少数法学家熟悉联合国的海洋法公约。因此海洋法法庭在汉堡为来自世界各地的法学家们举办夏季培训班及研习会。沃尔夫鲁姆眼睛发亮地报告说，参与者总是兴奋不已。日本一参加过这么一场研习会之后就真的头一回给海洋法法庭打来电话——起诉俄罗斯扣押一条渔船及船上人员。案子得到处理，法官裁定日本支付一笔保证金，日本支付了保证金之后，俄罗斯不得不释放日本渔民。

“权且比较一下吧，海牙国际法庭等了整整 80 年，才等来它的第一起诉讼。”尤丽娅·李特尔议论我们的交谈说。这位新闻发言人在审判庭里等候吕迪格尔·沃尔夫鲁姆，要跟他讨论一条新闻报道的内容，“今天那里平均每年处理 3~4 起案子。”汉堡的海洋法法庭也在努力追求这个数字。

吕迪格尔·沃尔夫鲁姆希望，在那之前，那些不起诉、以外交方式解决双边纠纷的国家，不要因此大动干戈。但是，很显然，越来越多的国家因为海底资源坚持强者法律——准备在有疑问时动用军事力量。就像日本和韩国之间那样。这种情况下海洋法法庭不能干涉。“这些国家必须自己来找我们并服从我们的争议法。只有当双方都同意这样做的时候，它们中的一方才能起诉，我们才可以处理此案，否则我们无能为力。”吕迪格尔·沃尔夫鲁姆承认说。

深海里每发现一座新矿床，纠纷危险就随之上升，这一点汉堡海洋法法庭的法官们坚信不疑。美国要在几内亚湾增加它的武装力量，吕迪格尔·沃尔夫鲁姆不觉得奇怪；巴西购买新的潜水艇也合情合理，北极地区、日本海及南中国海的扩充军备和恫吓姿态也是一样，到处都是为了保护价值数十亿的资源储藏。

在世界近海将来会不会爆发资源战争，不取决于汉堡海洋法法庭的国际法学家们，而是取决于相关国家的政治家和政府首脑。他们有这个可能，承认国际海洋法的游戏规则，利用它的方法和平地平息纠纷。但看样子他们中有很多人宁可放弃这种可能性，听任出现对抗——后果未知。

同时，深海资源的竞争近来不再停留于靠近海岸的边界线。第一批国家已经向至今所有争执都没有涉及的区域伸出了手——它们看中了国家边界之外的远洋的海底，也就是国际海域不属于任何人的深海范围。它占海洋的2/3，同样充满诱人的丰富资源。

吕迪格尔·沃尔夫鲁姆肯定：将来，海洋法法庭处理的绝大多数争执将既不是发生在南中国海也不是发生在几内亚湾或北极地区，而是发生在远离海岸的远海上，在国际区域。

在数千年的“海洋自由”还仍然有效的地方——至少在水面上还有效。那里不仅有甲烷水合物、黑烟囱和其他油田，还发现了神秘珍贵的锰结核。

这些含有金属的块块现在就已经被全球依赖进口的工业国家当作希望原材料了。比如德国，之前联邦政府只对深海表现出适度的兴趣。海洋生物学家们不断在深海发现新生物，担心它们能否存活下来，但他们的工作至今没有引起柏林的哪位政治家关注。像彼得·赫泽格这样的地质学家，他们从南大西洋直到地中海不断发现新的黑烟囱，但他们的报告至今最多得到客气的赞许。

但有一个例外，自2006年夏天起，德国联邦政府开始参与深海锰结核的竞赛，将来要在大西洋里开采那些含有矿物的块块，也用于德国市场。海洋研究人员已经警告说，这个计划野心勃勃，规模庞大，环境风险巨大，不过广大公众对此却还几乎一无所知。

大西洋里德国的第 17 个州

围绕神秘锰结核的竞争

那个庞然大物要高出那两个男人两倍多，嘈杂声从车间的所有角落向我们涌来，让人很难听懂他们在说什么。阳光透过天窗，穿过尘土飞扬的空气洒落下来。“我们改装这个钻头，要在纳米比亚近海使用。”我走进去，听到与赫尔曼·鲁道尔夫·库德拉斯交谈的彼得·亨利希斯说道。地质学家库德拉斯就职于汉诺威的联邦地质学和原材料署——准确地说是曾经为它工作过。他已经正式退休一年了，但一项特殊规定让他可以继续从事他的爱好——一个他关注了 30 多年的课题，为此他今天来到了地处科隆附近的埃尔克伦茨的阿克尔·维尔特机器钻具厂的车间。库德拉斯想向这家中型公司的工程师了解，他们的技术是否适合在海底开采锰结核。锰结核在大西洋里，在 5000 米深的地方——因此开采难度要比黑烟囱附近和至今的海底油田更大。

库德拉斯和彼得·亨利希斯经理昂起戴着头盔的头，仰望着那只巨大的金属圆盘。圆盘固定在地里一只可旋转的支架上，前侧安装有一个浅色金属轴颈组成的十字。“转盘就安装在这些轴颈上，然后往下钻，直到200米水深，直到钻石。”彼得·亨利希斯热切地说道。

埃尔克伦茨的这家维尔特公司创建于100多年前，作为国际钻井公司，它以钻头、管子和掘进机蜚声业界。它们的设备在全球被广泛应用于修建隧道和高楼地基，应用于矿产及石油开采，近几年也应用于海底。挺进深海不仅发生在新西兰或安哥拉近海，也发生在科隆附近很近的地方，这让我吃惊。这样一来，数千米深的水下的许多雄心勃勃的打算突然就触手可及了。

“说到底技术都是一样的。”彼得·亨利希斯说道，“无论是石油工业、钻石还是锰结核，到处都是要对付深水里的挑战。”他的客人库德拉斯手抚灰白的络腮胡子，点点头。英国和南非合资的戴比尔斯(DeBeers)钻石集团长期都是维尔特公司最重要的客户之一，不久前挪威的阿克尔集团又将它收购了。戴比尔斯不仅在纳米比亚和南非的地下和河流里采掘世界上最贵重的石头，也在非洲南部的大西洋近海开采——使用的是来自埃尔克伦茨的钻具。转盘和钻头在深达200米处刮下海底。岩石被抽到船上，钻石被与土壤分开，送到陆地上，从那里送往安特卫普的钻石交易所，然后抵达世界各地珠宝商店的橱窗里。

“为更深的海域改造这么一个钻头，这不成问题。”彼得·亨利希斯自信地说，“就像这么一台履带式车辆一样。”两人来到隔壁车间，停在一辆约3米高的白色履带车前，履带车的样子像辆挖掘机，只不过没有驾驶舱或挖斗。“这辆履带车通过遥控操纵，在平坦的地面上行驶，大多被用于矿井。它用

一根装有转式钻头的长臂吞吃洞壁和洞顶的岩石。"彼得·亨利希斯指着从白色挖掘机的一个孔里挂出来的一大束黑色软管,"电子设备和液压设备被隔离开来,也能承受 400 巴的压力。因此这辆履带车也能在海底行驶,像潜水器一样接受遥控,直到 4000 米的深度。"

"它可以在那里搜集锰结核。"亨利希斯在公司主楼里一张会议桌的一头坐下，继续说道。这位经理叫来 10 多名员工,要与这位来自联邦地质学和原材料署的客人谈谈深海里的计划。

这些经验丰富的机器制造工和工程师们望着赫尔曼·鲁道尔夫·库德拉斯拿在手里掂量的一个皱巴巴的黑块。"这就是我来这里的原因,"他快乐地叫道,"这是一块来自大西洋的锰结核。"他举起那黑块,让大家传看。工程师们从各个方向观看,库德拉斯打开他的笔记本电脑,连接到会议室的幻灯机上。锰结核看上去像颗黑土豆,差不多有乒乓球那么大。

"虽然从外表上看不出来，但这块结石含有高浓度的贵金属,尤其是铜、镍和钴。"地质学家透露说。几位工程师点点头,另一些皱起眉毛。这些金属在地壳里不常出现,在钢铁加工和电子工业里大量使用。由于德国没有自己的矿藏,到目前为止 100%都是从智利、俄国和刚果民主共和国进口的。

幻灯机将一张海底照片投映到挂在库德拉斯背后的屏幕上。桌旁的一个人赶到门口,关掉吸顶灯。房间里鸦雀无声,库德拉斯通过他的电脑播放图片,全都很相似——拍摄的是灰白色海床上堆积的黑色结石。"夏威夷和墨西哥之间的大西洋里几乎到处都是这样。"地质学家热烈地说,"那片海域有美国那么大——你们好好想想吧——满地都是锰结核。我们估计那里的锰结核总量在 100 亿吨左右。”房间里传来交头接耳声，如此巨量超过了陆地上已知的所有矿藏。“我们在南太平洋和印度洋里也发现了类似的地区。深海的海床上布满锰结核。有的地方多点，有的地方密度小点。”

“只要捡起这些结核就行吗？”桌旁有个人问道。库德拉斯轻轻摆摆头，“这是个大问题。一方面，从纯粹的法律角度讲，远洋的海底不像几年前那样可以自由来往了。”他望望在座的众人，“另一方面，还不存在一种可以考虑大规模开采的有效技术。你们不可以忘记，这些锰结核矿位于 5000 米左右的深海。还需要查明那里是最适合钻井还是适合会行驶的捡拾机械或别的什么。”

一小时后这些男人兴高采列地讨论起来，向库德拉斯解释了他们在纳米比亚近海开采钻石的技术和他们认为适合锰结核的技术。反过来他们又了解到，地质学家们认为开采锰结核有哪些可能性和障碍。库德拉斯告别时，双方约定保持密切联系。“我们已准备就绪，只等着最终开始深海开采。”彼得·亨利希斯乐观地总结说。

在汉诺威城郊的一座仓库里，米歇尔·韦迪克俯身在一只浅色塑料箱上。箱子里装着数百颗锰结核，都用塑料纸包装着，为了这些锰结核韦迪克刚刚在远海上度过了 7 个星期。这位地质学家身材瘦削，蓄着密集的小胡子，戴着眼镜，眼角有笑纹，为这些结核他吃了不少苦头——他遭遇了“保罗”号热带风暴 他跟一支由 16 名同事组成的团队日复一日地将笨重的设备放进波涛起伏的太平洋，一次次地在海底拖拉一张系在长绳上的专门设计的钢网，最后终于用这样的方式从5000米的深处将400多千克结核捞上了船。

在联邦地质学和原材料署，赫尔曼·鲁道尔夫·库德拉斯、米歇尔·韦迪克及其同事们长期被视作异种。他们的海洋原材料科只有5名工作人员——在一个总共700多名员工的机构里。上午，韦迪克领我穿过地质学和原材料署地下室宽敞的仓库，那里是他们的工作核心——来自世界各地的岩石试样。灰色金属橱排成一长排，橱里存放着石头、水晶和化石，按照出处清清爽爽地分门别类，堆在抽屉里。地下室里还存放有装着黑色物质的玻璃瓶——原始形状的石油，也是来自世界各地，尚未跟沙子、盐和水分开来。

受联邦经济部委托，这个联邦署为政府提供所有重要的原材料问题的咨询。它还研究核垃圾的最终存放，它的地震测量站既记录地震也记录全世界的核武器测试。为了勘察新的、可靠的原材料来源，地质学家、物理学家和化学家在世界各地周游。他们发现、勘察或鉴定矿床，提出开采建议。他们将土壤试样收藏在汉诺威的岩芯仓库里，通过这些岩芯推断分别可能有多少原材料。

德国联邦地质学和原材料署依靠他们的认识研究出全球原材料市场的全年概况，详细分析价格趋势和开采量，也详细分析供求关系——不管是煤、石油、铀还是金属。整个德国的能源和原材料行业都视地质学和原材料署的年度报告为可靠的重要参照。

他们的报告中始终也有一个标题为“海洋原材料”的短

小章节。在这一节，赫尔曼·鲁道尔夫·库德拉斯、米歇尔·韦迪克及其同事们介绍有关深海地区的石油、甲烷水合物和纳米比亚的钻石情况。地质学和原材料署的深海专家也定期分析黑烟囱附近的金银储藏。

但几年来海洋科的报告谈的主要是锰结核。从2006年夏天起，海洋原材料科的工作就不再那么让人敬而远之了。如今，从地质学和原材料署的主席到下萨克森州的州长克里斯蒂安·伍尔夫，直至联邦经济部部长米歇尔·格洛斯，越来越多的当局代表和政治家甚至将锰结核赞为“德国未来的原材料来源”。

因为几乎无人知道的是，地质学和原材料署自从2006年6月26日起就得到了在太平洋里一个巨大范围进行勘察的权利——受联邦经济部之托。这个区域是向牙买加的国际海底管理局租来的，该局是在联合国海洋法公约框架内成立的。从此地质学和原材料署的地质学家们就可以在共有下萨克森和石勒苏益格－荷尔斯泰因两个州那么大的两块面积上勘察未来如何开采锰结核了。这是德国拿到的第一个深海许可证，——“德国的第17个州”，米歇尔·韦迪克开玩笑地称呼这些区域。它们距离柏林15000公里，位于太平洋中央，一个满是原材料的联邦州——在5000米的深处。

“我给一个个金属层涂上颜色，这样可以更好地认出它们。”安妮·维滕贝格宣布说。赫尔曼·鲁道尔夫·库德拉斯和米歇尔·韦迪克给地质学和原材料署实验室里的这位女化学家带了几块上次考察活动采集的结核。他们想要她用激光显微镜透视它们。韦迪克在安妮·维滕贝格旁的电脑前坐下来;库德拉斯在打量她刚刚固定在激光显微镜的一个仪器里的椭圆形黑色切片。现在,在一块玻璃板后,一台仪器连同手指大的摄像机在结核切片前上下移动,用激光扫描它。

为了检查锰结核,先用树脂将它浸泡,然后锯成片,否则它们会碎成千块。结核里聚集着许多氧气,极易破碎。随后切片被打磨刨光,切片表面必须绝对光滑,才不会出现不平,导致显微镜的图片失真。

此举旨在查出结核里含有哪些金属,含量多少,因为每块结核都不同。韦迪克及其团队在太平洋中的许多地点采了样,并用坐标精确标明了这些位置,现在他们要查出最珍贵的结核来自哪些地区。

监控器上出现了结核切片的图,浅灰色阴影里可以看出环状的线。它们从结核中心向外弯曲,简直就像树干的年轮。“结构果真非常相似。”米歇尔·韦迪克同意说,“区别只是结核的一轮等于数百万年。”

一切都开始于一颗硬核,韦迪克这样形容海底结核的形成,“这可能是一只鲨鱼牙齿,一颗沙砾或另一颗结核的一粒屑子。”海水里的金属氧化物在这颗核周围沉积,形成薄层。不是很清楚这些金属和氧气的结合物从何而来。研究人员估计,一个可能是水流将它们从火山和黑烟囱冲了过来,另一种可能是从水面纷纷落下的许多死去的浮游生物。“浮游生物的有机残余在海底被细菌分解,微量金属就自由了,它们漂浮在水里,最后沉积到更硬的物质上。”韦迪克描述道。

这一过程持续时间极长,研究人员检查了结核周围海底的沉积，结核地带的沉积物有好几百万年的历史。“要在海底形成 2~6 毫米的沉积物层，差不多需要千年的时间。”米歇尔·韦迪克介绍说，“锰结核的生长甚至更慢，100 万年才生长 5 毫米左右。”因此锰结核的生长被视为有史以来地球上发现的最缓慢的地质学过程之一。

研究人员早在 130 多年前就首次发现这神秘的结核了。在英国的“挑战者”号科研船 1872—1876 年的考察期间，这些深海先驱从太平洋海底拉上来许多黑色金属块。“瓦尔迪维亚”号上的德国研究人员 1899 年也从大西洋和印度洋里将锰结核带回了家。初步检查就发现这些皱巴巴的块状物里含有金属化合物，尤其是锰——一种化学元素，性能类似于铁，罗马人和埃及人就用它来制造武器和合金了，在陆地上也经常出现。人们给这些结核取了名——锰结核及合成金属块状物——然后又被忘记了。

直到 20 世纪 60 年代末，全球原材料价格首次上升到前所未有的高度。罗马俱乐部 1972 年发表《增长的界线》，提出警告，被认为取之不尽的地球原材料将会在可预见的时间里告罄——由于人口的增长，工业化，尤其是因为消费的上升。1973 年的石油危机导致原材料市场进一步紧张，地质学家们开始在世界各地寻找陆上矿床的可能性替代品。

一些研究人员在这段时间里想起了海底含有金属的结核的故事。美国更是最早派出考察队前往太平洋，去寻找这些结核。结果惊人，显然，这些结核不仅密密麻麻地覆盖了海底巨大的区域。调查还表明，它们正好含有工业界急需的物

质——铜、镍和钴。

这些结核另外还有一个优点——它们分布在一个不属于任何人的区域。在这个区域,无论是美、苏列强的东西纠纷,还是可疑的独裁者们的变幻无常,都无关紧要,陆地上的原材料蕴藏是经常受它们影响的。在辽阔的太平洋底始终可以自由捞取,工业国家欢呼雀跃。

“结核里约含有63%的氧气、27%的锰和8%的铁。”安妮·维滕贝格宣布说。米歇尔·韦迪克记录下来。电脑上结核的环状线条出现了不同的颜色,从深红到淡绿。“钴的比例占0.2%,镍占1.4%,铜占1.3%。”我听了觉得研究人员找到的这些金属量特别少。可库德拉斯和韦迪克显得满意。

“必须拿这个量跟陆地上的蕴藏比较。”库德拉斯解释说,“每吨锰结核里蕴藏的铜、镍和钴平均是陆地上每吨铁矿石的双倍。”研究人员的这一估算让怀疑分子们也不再吱声了——他们估计太平洋里有100亿吨锰结核,含有近3亿吨有色金属,也就是铜、镍和钴。“这个量足以满足全球对这些原材料的需求100年。”赫尔曼·鲁道尔夫·库德拉斯说。另外,最近还在结核里发现了陆地上极少见的微量元素——由于需求的增长,现在已经越来越稀少了,主要是用于电子半导体、平板屏幕和太阳能电池的钼、铟、硒和碲。

锰结核对于电子和钢铁工业,就等于黑烟囱对于黄金生产厂家一样——海底的一个新希望。尽管要在远离任何海岸的地区从5000米深的海里开采它们,成本很高,赫尔曼·鲁道尔夫·库德拉斯还是认为值得开采:“我们预计每吨锰结核的开采成本为100~200美元，这相当多。但利润也很高，眼下这些结核的市场价格在每吨500美元左右。在高价时代，如2008年春天，甚至已经达到过900美元。”如果每天开采数千吨，等在海底的就是一笔10亿美元的生意，对此库德拉斯坚信不疑。“深海投资有可能是值得的，这个想法已经诱惑了石油集团几年了。”

镍、钴和铜的价格近10年来确实在不断上升——主要是因为印度和中国的需求的上升；因为在陆地上只找到了少数大矿床。韦迪克和库德拉斯估计，经济和金融危机虽然缓解了价格趋势，但没有将它刹住。“自2003年以来，光是钴就贵了将近200%。”米歇尔·韦迪克报告说，他每天关注伦敦原材料交易所的价格变化，“铜上涨了400%，镍甚至上升了600%，这种趁势会长期继续下去的。”

但德国不是唯一看中锰结核的国家。米歇尔·韦迪克在他的办公室里指着一张地图，图上显示的是太平洋的一部分——看上去像块彩色地毯。在西边的夏威夷和东面的墨西哥海岸之间画满彩色小方格，中间夹有白色小方格。“这张图显示的是所谓的锰结核带。”韦迪克说道，他的手指顺着两根水平的线移动，它们在小方格上下两边的深蓝色海洋里延伸。“在太平洋的地下，这里有两个地质断裂带——克拉里恩断裂带和克拉珀顿断裂带。它们在海底绵延数千公里，构成了自然边界线，在这个区域找到的锰结核特别多。”

然后他用手指点点两个断裂带之间的被涂成橄榄绿的两个正方形，它们各与一个白色小方块相连。彩色棋盘中央是个狭长地带，另一个较大，形状像“L”，在很东的位置：“这是德国的锰结核矿区,它由两个区域组成。相邻的白色面积我们虽然一起勘察,可勘察结束后又被交还给国际海底管理局。”他打算以后再给我介绍这个规定具体是怎么回事。

米歇尔·韦迪克从他的办公桌抽屉里抽出一沓薄薄的资料,封面上有跟汉堡的海洋法法庭类似的徽章——水面上一杆秤,被两根橄榄枝包围在中间,这回是金色的,不是银色的。这是联合国海洋法公约的徽标。“这是德国联邦地质学和原材料署 2006 年受联邦政府委托跟国际海底管理局签署的条约。”韦迪克说道,边说边翻动由大约 40 页 A4 纸组成的不起眼的文件,它是德国在太平洋勘察锰结核的基础。

联合国海洋法公约不仅规定了可以重新划定海上的边界线,在汉堡设立国际海洋法法庭,在制定公约的数十年谈判的框架内还成立了一个全新的机构——国际海底管理局(ISA)。它成立于 1994 年,从此由它——只有它有权——颁发无主区域的钻探许可证——在国际区域的海底,在 200 海里区和大陆架延伸权利以外。管理局的总部设在牙买加的金斯敦,它负责一个几乎占到地表 2/3 的面积。这块面积上满是原材料,之前没有任何这方面的规定。

米歇尔·韦迪克又指着墙上的地图, 手指围绕多个红色和白色的长方形转动,在中间德国的那个较小矿区旁边。“那里是韩国的许可证区域。”他说道。再往北的一个棕色长方形是俄国的矿区, 再往东及整个西方有两个淡绿色的四方形——那里的勘探权属于法国。在较大的德国矿区旁边朝着墨西哥方向还绘有其他颜色,黄色的一长块是一个名叫国际海洋金属联合组织(Interoceanmetal)的东欧国家联盟的许可证地域，我得知其成员也包括俄罗斯和古巴。日本和中国在太平洋里的矿区涂成了紫色和蓝色，作为小点分布在锰结核带辽阔的区域。所有这些不同的区域仅通过细细的线条分开。

“德国得到了全新的邻居。”米歇尔·韦迪克微笑地冲我点点头，好像他知道这张图对头回见到它的人会有什么影响似的。我确实惊愕不已，在汉诺威城郊德国联邦地质学和原材料署的不起眼的办公室里，不仅在计划德国未来的原材料供应，这里也在参与世界各国之间对太平洋底的瓜分。

在堆满白色硬纸盒的钢架之间，米歇尔·韦迪克爬上一架梯子，拎起一只只箱子的盖子，望望里面，又重新关上，后来他找到了他寻找的东西。赫尔曼·鲁道尔夫·库德拉斯站在梯脚旁，接过韦迪克从不同的纸箱里取出的纸卷和黑色文件夹，将它们分门别类地摆放在桌上，再添上录影带、照片底片和一堆堆大型号的笔记本。

这总共440只白色硬纸箱里是联邦地质学和原材料署管理的一份特殊遗物。那是传统最丰富的德国工业企业、现已解体的普罗伊萨格（Preussag）的遗产。这家混合集团在汉诺威开设了几十年，几乎没人知道，普罗伊萨格在20世纪七八十年代也从事过深海项目。这一计划的遗物今天存放在地质学和原材料署。这些资料——连同装满锰结核的箱子——是在联邦经济部指示下转交给地质学和原材料署的。普罗伊萨格将它的原材料部门卖给了外国公司，2002年并入途易（TUI）旅游集团。“但有关结核的数据应该留在国家手里。”米歇尔·韦迪克回忆这份意外的遗产说。

他将从箱子里取出的笔记本和录像带铺在桌上。一盘录像带上写着“太阳——051978”,我在一本笔记本上读到“瓦尔迪维亚,1974 年 2 月”。赫尔曼·鲁道尔夫·库德拉斯介绍说:“当时德国共组织了将近 20 次太平洋考察活动,寻找锰结核。”他本人当时虽然不在船上,但已经在地质学和原材料署工作,与许多参与的研究人员很熟。“他们都是各自专业领域的权威。”他说道。

头几次考察活动都是乘坐的“瓦尔迪维亚”号科研船——它的名字是参照 1898/1899 年德国的首次深海考察活动取的。船上的研究人员绘制了海底地图,搜集了第一批结核。然后是 1977 年刚由渔轮改造成科研船的“太阳”号之行。在“太阳”号上研究人员首次调查了结核的组成及其形成方式。

组织考察的有大学、科研所或地质学和原材料署,由普罗伊萨格或现已解散的海洋技术可开采原材料研究小组(AMR)出钱资助,后者是由普罗伊萨格、萨尔茨吉特股份公司(SalzgitterAG)和当时的法兰克福的金属股份公司合并而成。头几回考察结束后工业界就肯定他们要冒险开采锰结核,可他们还不知道如何开采。

米歇尔·韦迪克将一个纸卷铺开在桌面。纸卷上面可以看到彼此由弧线分开的彩色面积,有些绘成了深红色,另一些是橙色,许多是黄色的。这些面积上布满黑色小十字,有时一块上面有许多十字,有时彼此相隔很大的距离。“这是一张 1974 年绘制的图,画的是海底初步考察的结果。”韦迪克说,

“每个十字都代表一个发现了锰结核的地方。红色区域的结核多,黄色的要少。”

工业开采应该在红色区开始,但必须先研制出必要的设备。“我们感觉是要从一架齐柏林飞船上收获土豆似的,从5公里的高度,在漆黑的暴风雨夜里。”赫尔曼·鲁道尔夫·库德拉斯回忆道。

地质学和原材料署与科研所的地理学家和工业界一道,为全球最早的深海开采尝试了不同的技术。他们计划将遥控的收集装置放到海底——巨大的履带机,跟库德拉斯在埃尔克伦茨的维尔特公司的车间里参观的类似。这些收集装置应该收集、碾碎结核,通过长长的管道抽送到船上。另一个建议是用桶组成一根5公里长的桶链,这根链子要从水面够到海底,从船上慢慢转到桶,让它们就这样将结核挖到船上。第三种选择是使用压缩空气,研究人员和工程师们要通过数公里长的软管在深海生成一种低压,像通过巨大的吸尘器一样将结核吸到船上。海底的钻井船只和钻石钻探机部分也是使用的这种技术。

研究人员用模型完善他们的主意，直到他们得到机会，在远海实地测试履带机、桶链和吸尘器的样机。

1978年2月研究人员和工业界人士重新出海了——这回乘坐的是美国的“SEDCO445”号钻探船。普罗伊萨格为它的打算找到了另外的合作伙伴,它与美国、加拿大和日本的企业共同成立了一个财团——首次太平洋锰结核试开采就是以海洋管理公司(OMI)的名义在“SEDCO445”号船上开始的。

1978 年 3 月，当"SEDCO445"号的传送带首次果真传上来锰结核时，人们欢呼不已。他们使用一台行驶的搜集机、一只真空泵和一根 5 公里长的软管做到了——突破似乎到来了。消息被通过新闻电报机传播到世界各地，深海开采真的可行！"这真的是一个历史性时刻。"赫尔曼·鲁道尔夫·库德拉斯两眼发光地回忆道，"参与者无比骄傲，毕竟这是近 10 年工作的成果。"

"SEDCO445"号短短几天内将总共 800 吨锰结核抽到了船上，人们努力提高开采量。地质学家们计算出，每天必须将 5000 吨左右的锰结核抽到船上，深海开采才有经济价值。但成功没有如期而至，财团离这个数字还相距很远。另外，"SEDCO445"号在开采的头几天就将一只搜集机弄丢在了海底，米歇尔·韦迪克从钻探船的航海日志里读道，是因为一次"错误的操纵"。幸好另有一台被放到海底的"浮动挖掘机"，才可以继续将结核抽上船。但最初的兴奋若狂持续不久，开采的结核量不够。

"SEDCO445"号船上的努力不是锰结核一事上唯一的先驱计划，尽管如此，今天只有很少的人知道从前的许多深海计划——估计是因为所有的开采尝试最后都以失败、倒霉和故障而告终。一家名叫海洋采矿协会(Ocean Mining Associates)的纯美国企业曾在 20 世纪 70 年代末多次进军太平洋，也不得不一次次中断它的开采努力。有时是软管和他们使用的"吸尘机"之间的电子连接件不够防水，或者是一艘挖掘机沉没进淤泥里，再也找不到了。还有一回飓风袭击了钻探船，行动人员不得不返回。1978年10月,海洋采矿协会的工程师和地质学家们终于成功地捞起了550吨锰结核。但是,当吸泥机的一片螺旋桨叶片折断、电动机终于熄火了时,成功还是戛然而止了。

最有希望的一次计划更像是来自一部好莱坞剧本:20世纪70年代,亿万富翁、电影制片人和航空先驱霍华德·休斯花费数亿美元定制了一艘昂贵的钻探船,取名"格洛玛勘探者(GlomarExplorer)",它像一座巨大的浮动平台,准备用来在太平洋里正式开采锰结核,但历史真相却是另一回事。当时美国尽人皆知的锰结核,只不过是美国中央情报局的一个计划的幌子。在所谓的"詹妮弗项目"的框架内——如今它的存在已经得到了官方证明——要将一艘沉没在太平洋里的装有核弹头的苏联导弹潜艇捞上船。当俄国人还在寻找这条潜艇及其近百名船上工作人员时,美国人已经确定了它的位置——它位于5000米深的海下,距夏威夷东南几百海里,在一个碰巧也满是锰结核的区域。休斯从中央情报局领到这个任务,想出锰结核的故事来掩饰真相——1974年,"格洛玛勘探者"号朝着太平洋里所说的位置驶去。

人们从浮动平台上将一只专门设计的巨型夹紧装置朝着潜艇放了下去,可那些巨大的金属臂只带着潜艇的碎块返回了水面。多次尝试后人们明白了——潜艇显然爆裂了,在一次至今无法解释的爆炸或一次水下撞击时,永远无法完整地将它吊上来——"格洛玛勘探者"号后被编进了美国海军的后备舰队。

海洋矿业公司是洛克希德航空和军备集团的一家子公

司，它仍然认真对待“格洛玛勘探者”号声称的锰结核计划。它在1979年租赁了一艘船，跟之前的其他财团一样，它同样必须先对付技术问题：月池（MoonPool）——船中央的一个正方形竖井，钻杆和其他设备要通过它放进海里——突然打不开了。多次修理后海洋矿业公司最后终于将1000吨锰结核采上了船，但这也称不上突破。

在太平洋里混乱的失败之后，工业国家的深海先驱者们最初的狂热情绪减弱了，再加上另一个在他们看来令人不快的发展——20世纪80年代初钢价暴跌，石油危机结束了，澳大利亚和加拿大新发现的大矿向市场供应这种渴求的金属。这下没有哪家企业还能够、还想继续资助昂贵的前往锰结核区域的测试航行了，深海开采就此中断，直到今天，而锰结核计划变得前所未有地更现实了。

但这里存在一个重要区别，跟当年不同，今天研究人员和企业不可以随心所欲地到处寻找锰结核。1994年生效的《联合国海洋法公约》大大改变了对待远海海底的方式，特别是联合国成立了国际海底管理局，赋予了它广泛的权力。

20世纪70年代，当首次试图大规模开采锰结核时，非洲、亚洲和拉丁美洲的许多发展中国家害怕落在后面，缺少技术让它们没有机会分享海底的财富，它们更担心很快就不再需要它们这些原材料出口国了。钴、镍和铜当时主要来自非洲、亚洲和拉丁美洲的国家，是那里重要的收入来源。这种情况存在改变的危险。

于是，联合国来自第三世界的国家成立了一个联盟，主张限制不加控制地开采至今无主的海底。许多没有海岸线，因而也没有船舶或深海技术的国家加入了这个团体。

在这些国家的催逼下联合国海洋法公约里规定了一个独一无二的原则，从此公约里就写着："这个区域"——亦即国界之外的海底——"和它的资源是人类的共同遗产。"一份"共同遗产"，但不是要保留给后代，而是要国际化管理，各国之间公平瓜分。遵守这一原则，是设在牙买加的国际海底管理局最重要的目标。联合国在长达多年的谈判中为它的工作制定了严格的规章制度，海洋本身、生活在其中的鱼类和航道依然不属于任何人。但国际海底管理局的章程里具体规定了，一个国家或一家公司可以如何开采远海海底的原材料。

开始时一个国家或一家公司可以随意挑选海底的一个15万平方公里大的区域——也就是一块共有意大利一半大的面积，申请15年的勘探权。大多数国家为此派出船只进行了首批先期勘探，好大致弄清楚哪里的结核特别多。只有当管理局担心附上的"工作计划"会对环境造成严重损害，或这些地区已经留作他用时，申请才会遭到拒绝。

但从一开始就明白，在勘探过程中必须将所选区域的一半重新交还国际海底管理局，而且最迟是在合同签署8年之后。无论是对于地质学和原材料署还是其他所有的许可证持有者，这意思都是一样的，在这段时间他们虽然可以挑选出他们的两个区域中"较好的"一半，留待以后开采，但必须自己花钱一同勘探另一半。留给德国的是"第17个州"，由总共75000平方公里的两个区域组成——相当于下萨克森州和石勒苏益格－荷尔斯泰因加起来。

国际海底管理局到底要再拿已经勘探的地区做什么，还没有决定，原计划是将它们交给没有能力进行昂贵的锰结核勘探的第三世界国家，然后这些国家可以委托公司开采。这样，比如说，像玻利维亚或乌干达这些国家就能从德国、法国或韩国的深海工作中获利——符合“公正划分”“人类共同遗产”的意思。

或者国际海底管理局自己成立一家公司，在已经勘探的区域开采，用出售金属的利润补偿吃亏的国家。具体怎么进行，再过几年就会见分晓了。

但规定还不止这些，因为只有在勘探之后国家或公司才可以申请原材料开采许可证，它们是自己开采还是将它们的资料提供给第三方，谈判出对开采到的金属的优先权，由各方自主决定。无论如何，这些金属的收益的一半必须交给国际海底管理局，让管理局可以用它支付补偿。

过程复杂——与新西兰、巴布亚新几内亚或安哥拉这些国家的200海里区内的情形截然不同。虽然企业在那里同样必须申请海底勘探许可证，但勘探结束后不必让出一半区域。一旦拿到开采许可证，虽然要以税收和成本的形式将部分收益交给所在的海岸国家，但这些国家和企业不必跟半个世界分享它们开采深海的利润。

“也许，这些规定使得锰结核开采对经济界不那么有吸引力了。”米歇尔·韦迪克承认说，“但我们相信，虽然钢价高，开采还是值得的。”海洋开采何时开始，只是一个时间问题，“而这些时间还从未像现在这样近过。”另外，他补充说，国际海底管理局的这些规定完全是有意想“弄痛”一点，免得哪个国家或企业抢先，好让大家真正获益于“人类的共同遗产”。

国际法学家们确实称赞海底管理局的这些规定是解决国际问题的榜样。“甚至考虑过将这些规定也转用到月球上。”赫尔曼·鲁道尔夫·库德拉斯兴奋地讲道。不过这计划不久就被放弃了，至今没有一个有效的国际性月球合同。而国际海底管理局的规定必须先接受考验。许多问题都还没有答案：如果一个国家或一家公司不遵守这些约定，怎么办？如果它不理睬拿直尺在一个个矿区之间画的边界线呢？如果他认为哪里最有利可图，就在哪里的海底采矿呢？

另外，美国虽然在联合国海洋法公约上签了字，但没有批准——与另外的30个国家一样。美国不认可米歇尔·韦迪克的太平洋地图上的花织毯，那里的矿区跟国际海底管理局一样不被认可。美国从一开始就反对，由一个国际性管理局来管理远海的海底。华盛顿至今还在说，这么一个机构有违美国自主经济的原则和安全政策利益，还存在会出现一个无人监督其金融流动的庞大、昂贵的官僚机构的危险。

过去几年华盛顿的态度稍有改变——首先是因为北极之争。现在美国也想扩展它在大陆架上的权利，可是，它只有批准国际海洋法公约，才能具有国际法效应地这么做。2009年年初新上任的美国外长希拉里·克林顿宣布，要在她的任期内处理好这件事。吕迪格尔·沃尔夫鲁姆这样的观察家们认为，确实不用多久就会批准了。但美国这样做是否也会承认海洋法的第11章——确定国际海底管理局权力的部分——还是未知数。

可是，只有大家参与，“人类的共同遗产”的规定才能有

效。只要美国这个在海洋研究和海洋技术上领先国际的国家在远海不承认任何规定，国际海底管理局就无能为力。好像20世纪70年代以来啥也没变似的，美国就还可以随心所欲地到处采挖锰结核——理论上也可以在德国自2006年起得到的矿区所在地。

米歇尔·韦迪克认为这种情形的可能性不是很大。深海开采太麻烦、太昂贵，不存在冲突风险。“但自然不能完全排除。”韦迪克想了想，“国际海底管理局没有炮艇或类似的东西来贯彻它的规定。”

这话一针见血，说到了国际海底管理局的致命点。它主管将近2/3的海底，但只有比管理一座小城市更少的工具来完成这个庞大的任务：国际海底管理局只有32名常务人员。另有多个专家委员会和每年只开一次会的成员国理事会。管理局没有船舰甚或武器来监督国际区域，防止违反规定。联合国没有计划这种东西，作为制裁措施，国际海底管理局最多能够处以罚金，或威胁撤销许可证。远海到底在发生什么事，牙买加的工作人员并不知道。米歇尔·韦迪克认为，虽然可以使用GPS跟踪船只移动，但在太平洋里，无人监督船体下的深海里所发生的事情。

吕迪格尔·沃尔夫鲁姆和汉堡国际海洋法法庭的其他国际法学家们预料，将来海上的大多争端都将是为了太平洋里的锰结核，这不是没有道理的。而国际区域争夺原材料的竞赛才刚刚开始。“太平洋里的锰结核带不是小面积，锰结核覆盖着洋底的很大部分。”米歇尔·韦迪克说道，“南太平洋和印度洋里有很大的区域值得开采。”如今那里甚至转让了第一个矿区——马尔代夫南面的一个地区，在印度洋底，印度最近向国际海底管理局申请到了该地区的锰结核勘探许可证。另外，研究人员在国际区域的黑烟囱附近也发现了含量丰富的金属沉积。据米歇尔·韦迪克讲，中国和韩国已经表达了在北大西洋开采固体硫化物的兴趣。

在20世纪80年代瘫痪了的寻找锰结核的活动又重新加速了。法国、日本和俄罗斯于2001年申请了在太平洋里勘探锰结核的许可证区域，是最早申请的国家。不久，国际海洋金属公司、中国和韩国也申请了。米歇尔·韦迪克回忆说，当德国联邦经济部也决定加入太平洋原材料的新角逐时，“要求一切快速进行”。

这位地质学家受政府委托，多次前往牙买加，为德国申请一块许可证区域做准备。同时他们要汉诺威检查普罗伊萨格公司的资料。他们要在20世纪70年代的地图上挑选结核很多的地区。但有难度。“当时既没有卫星导航又没有潜水器，”韦迪克叹息说，“地图上的小十字的准确度是1~2公里。因此我们只能借助这些地图粗略地辨认方向。”另外俄罗斯和法国已经占去了普罗伊萨格公司调查过的一些区域——由它们自己勘探。

最后，大家借助粗略的地图，一致同意了太平洋中的两个区域——没有再派考察队去那里。2006年7月19日，事情就到了这一步，地质学和原材料署的董事长和国际海底管理局的秘书长相聚在柏林，在德国的《勘察多金属结核协议》上签了字。成本25万美元。许可证有效期15年，用于勘察“太平洋里的第17个州”。

“上回出海时我们用这台收集器从海底收集了锰结核，从38个地点。”在汉诺威的仓库里，米歇尔·韦迪克绕着一个约3米高的铁架子，看上去它的中央好像挂着一只巨大的购物网兜，只不过那网同样也是钢的。研究人员从船上将这个架子放到海底，像拖一张犁似的拖它。它前侧的一块平板推起海床上的结核，让它们扑通落进网里，他们就这样一厘米一厘米地从海底将锰结核捞上来。

颁发许可证后，前往远海德国勘探区域的首次航行是在2008年秋天进行，如今地质学和原材料署已经得到了结果。“我们检查了这个区域的大约60%，”韦迪克说道，“结核里的金属含量高低不一，但到处都达到了让我们认为它们值得开采的高度。”据他们估计，该区域的结核约在8亿~9亿吨之间，里面含有的有色金属可以满足德国的原材料需求几十年。

还应该继续考察，研究人员想查出哪里的锰结核特别密。米歇尔·韦迪克拿他们在太平洋上绘制的最新地图跟20世纪70年代的地图对比，70年代的地图现在显得像笨拙、彩色的儿童绘画。新地图将锰结核区域的海底特征表现得准确得多——海底哪里是平坦的，哪里有小山丘，哪里有海沟，都一览无余。

看着这些地图，韦迪克自己都吃惊了：“这个许可证区域布满海下火山，有些高出海床达3000米。”这种地方当然不能开采，因为计划的遥控收集器只能用于平地。“法国地质学家们算出，在他们的许可证区域只有大约30%的面积适合开采。剩下的是海沟、山峰落差很大。我估计，德国区域的比例差不多。"但韦迪克认为，这个比例也已经够大了，值得高成本地投入船只、钻头和海底收集器。

下回前往许可证区域勘察，他们想更准确地测量海底，用高分辨率的船用声呐仪，也要首次测量锰结核下面的沉积层有多厚。韦迪克说，目的是要制作一个海底的三维模型，在它的帮助下可以虚拟地勘探锰结核矿区，更好地为开采它们做准备。

一个谁也没料到的推动使这种计划有了进一步的发展——2008年春天，首次有两家私人企业向国际海底管理局递送了太平洋许可证区域的申请。第一家公司叫作瑙鲁海洋资源公司（Nauru Ocean Resources Inc.）。韦迪克说："没人听说过这家公司。"瑙鲁共和国——南太平洋里一个微小的岛国，它按国际海底管理局章程里的规定为这家无名公司担保——瑙鲁共和国是通过开采磷酸盐达到一定的富裕程度的，现在这个源泉有枯竭的危险，专家们估计这个国家在寻找新的收入来源。第二份申请来自汤加近海采矿有限公司，由汤加岛国担保——也正是在这个国家的近海，在黑烟囱附近发现了破纪录的金矿。

无论是瑙鲁海洋资源公司还是汤加近海采矿有限公司，最后都表明是一家在深海事务上已经很出名的企业的百分之百的子公司——鹦鹉螺矿业公司。想在巴布亚新几内亚近海开采黑烟囱的这家集团，现在也看上了锰结核。30多年来终于又有一家私人企业对锰结核感兴趣了，面对估计有利的矿床，国际海底管理局的严厉规定显然吓唬不了它。

但是，米歇尔·韦迪克报告说，在真正能够开采之前还存

在一个问题，一个30年前太平洋里的先驱们根本没有重视的问题,但国际海底管理局现在甚至将解决这个问题变成了未来颁发开采许可证的条件。因为还不明白,开采锰结核会对海洋环境造成什么后果。当地质学家们越来越准确地勘查结核的金属含量时,海洋生物学家警告会发生一次巨大的环境灾难——所有海洋生物都将深受其害。

照片有点苍白了,尽管细心保管,角落上还是有点破了。照片上的那些男人留着20世纪80年代流行的大髭须,穿着短裤,跪在或站在一艘船的甲板上。他们中间横着一个钢架,钢架旁伸出长长的金属爪。“这是一个犁耙,8米宽。”希奥马尔·蒂尔解释说。汉堡大学的这位海洋生物学教授业已退休,住在这座汉萨同盟城市的边缘,他邀请我去他家里,去谈谈锰结核开采的环境风险。

“我们从船上放下这些犁耙，在海床上方拖行，在一个3.5千米的半径里。”蒂尔掏出其他照片,都是海底的照片,海底看上去像块收获后的土豆地。地里留下了深深的犁痕,土壤全被翻起了,不见有生物。

希奥马尔·蒂尔虽然这几年不再参与深海研究，但依然属于深海研究领域最著名的先驱者之一。他是全球很早就批评性地研究深海开采背景的少数专家之一。一杯咖啡和一盘巧克力饼干旁边放着大堆资料。“这些资料我已经很久没有取出来过了。”他讲道。过去这些年几乎没人关心过他的最重要的科研项目之一的成果,但地质学和原材料署野心勃勃的计划又赋予了它们很高的现实意义。

对于希奥马尔·蒂尔及其同事们，锰结核开采测试的一切始于20世纪70年代。当时的深海研究人员不多,大家都紧张地关注着太平洋中心发生的事情。蒂尔回忆说,一开始他的批评并不那么激烈,锰结核被当成棘手的原材料供应的机会。可是,当他得知工业界的这些项目将有多大的规模时,当他看到这些公司在远海的做法时,他的立场改变了。

“在‘SEDCO445’号和其他船只上,每抽起一吨结核也从海底带上来大量沉积物。”他说道。无法轻易地将锰结核跟海底极其纤细的淤泥分开,它们被成吨地一起抽上来了,清理过后又将海底的淤泥重新倒回海里。结果是在水里形成了由最纤细的沉积物组成的巨大尘埃,最厉害时在100公里的距离外都能看到海面上的尘雾。蒂尔报告说,他本人就参与过几次这样的航行,尘雾在那里形成一层阳光几乎钻不透的真正的盖子。生物学家们明白,深海海床的这种淤泥会妨碍浮游生物生长,还有粘住鱼鳃和鱼胃的危险。尘埃沉到海底的速度很慢,而他们意识到,就算沉下去也会构成危险:“灰尘分布在整个海洋,像一张尸布盖住广泛的区域。”

而蒂尔估计，这会在开采区本身造成最戏剧化的后果。随着收集器和真空泵收获的每一平方米锰结核,大面积颗粒纤细的海床都被搅翻了,海底也出现了巨大的尘雾,它们又慢慢沉积。不清楚这样做时破坏了哪些生命。

从太平洋返回后希奥马尔·蒂尔成立了DISCOL项目,这是“干扰和再沉积试验”的简称,由联邦科研部资助。这些科学家想更好地分析开采锰结核造成的破坏的规模——很快就被兴奋的同事们当成了“扫兴鬼”。

生物学家们估计，一场小规模的开采根本不会产生戏剧性后果。“但工业界的计划听起来很庞大。”蒂尔回忆说。普罗伊萨格公司计划投入 9 艘开采船，用于锰结核区域，直到 20 世纪末。美国甚至计划截至 2000 年投入 40~60 艘船。研究人员们粗略估算出，这样每天至少会犁翻一平方公里的海床。一年内遭破坏的海床将接近 400 平方公里，“被卷起的淤泥量会达到数千万吨”。哥廷根地质学家尤尔根·施奈德尔在最早的一篇报道里记录道，他是希奥马尔·蒂尔的同事，他记录的是发生在一个他们不知道那里生活有哪些动物的区域。

1989 年 2 月，希奥马尔·蒂尔率领这些科学家出海了——船上有一些科研设备和犁耙，犁耙的照片就放在我们面前的桌上。他们挑选了秘鲁近海的一个区域，比起太平洋中央的各区，那里更容易到达，那里的海底同样也出现了锰结核矿。

“为了测量我们计划的入侵的后果，我们先从海底取样。”蒂尔解释说。他们放下沉重的钢爪，它们一厘米一厘米地将锰结核和淤泥取回船上。他们借助一台装在压力罩里的相机、闪光灯和一根长绳给海底拍照，结果让他们惊呆了。希奥马尔·蒂尔翻看着他们拍摄的完好海底的照片回忆道。照片上，在许多锰结核之间都可以认出海参、海葵和小虾。后来船上研究人员拿起锰结核对准相机，锰结核上爬满地衣和其他植物，在淤泥试样里面也发现了无数蠕虫、蚌、蟹和其他尚未知的动物种类。

然后他们在海床上方拖犁耙，拖了几天，紧接着提取了新试样，继续拍照，返回后他们在实验室里拿被犁过区域的动物数量跟入侵前的比较。果然和他们的担心一样，新试样里几乎没有生物了。只有少数极其健壮的动物在入侵后幸存了下来。测试区的生物大多都被犁耙灭绝了。

他们等了3年，然后又一次去了秘鲁近海的这个区域，带着一个箱式抓手、一台摄像机和两个问题：海底还能看到他们入侵的痕迹吗？在被破坏区域，动物们又重新定居下来了吗？

犁痕看上去还跟3年前一模一样。在海底，所有的变化发生得那么缓慢，当时还没有任何可见的变化。“但我们在试样里又发现了比破坏性入侵刚结束时多得多的动物种类。”蒂尔回答说。

又过4年，他们再次去了。试样的结果让他们大为惊讶——在犁过的区域生物群落好像又恢复了。希奥马尔·蒂尔在我面前铺开一个长长的动物名称表，这都是他们7年之后在测试区域发现的。“各种蠕虫、蟹和其他动物在那里嬉戏，它们一定是从未遭破坏的区域爬进被破坏区域的。”蒂尔估计说。

可是，后来他们拿新试样跟他们1989年收集的，也就是入侵前收集的试样做了比较。尽管生物数量很多，但现在缺少了某些品种，尤其是生活在活水里的动物的幼虫，在被破坏区域不再出现了——虽然1989年它们还大量定居在海床上，蚌类的数量也减少了。蒂尔相信，只有在地面爬行的动物，能重新进入遭破坏的生活空间，而先前发现的蟹类动物也没有全部重新定居在这里。另外，我们不可以忘记，蒂尔说，他们只是将锰结核翻耕下去了。相反，开采时，所有生活在结核上的动物都同样会消失。

这样，当时大家就明白了，这些研究远远不够。希奥马尔·蒂尔知道，仅有 7 年的观察时段和 10 平方公里的调查面积太少了，不能得出最终的结论。在海洋的一个巨大区域长期开采会导致什么后果，还仍然不清楚。但干扰和再沉积实验至今还是就工业化深海开采进行的唯一一项大规模环境研究——全球唯一的一项。

之后希奥马尔·蒂尔前往牙买加，去找国际海底管理局，20 世纪 90 年代成立时它也曾经邀请过生物学家们，向他们咨询有关锰结核开采的情况。蒂尔跟他的国际海底管理局的同事们一道提出了某种前所未有的创见。他们要求，将来，每个想勘探锰结核矿的国家或集团，都要承诺对它的许可证区域进行环境研究，而且是在开采前。希奥马尔·蒂尔当时就坚信，“一旦工业界已经开始，再制定深海环保规定就为时已晚了。”现在这一认识在墨西哥湾得到了证实，蒂尔至少想抢在开采锰结核之前采取行动。

个别国家和集团抗议生物学家们的建议，但最后他们的要求得到了满足。2000 年，国际海底管理局颁布了采矿守则，这是首部具有国际效力的深海采矿守则。守则名为《多金属结核探矿和勘探规章》，含有严厉得惊人的环保条件。而蒂尔议论说，该规定离完善还很远，采矿守则里至今只涉及结核区域的勘探。“仍然没有一部有约束力的开采守则。”这位年事已高的生物学家长叹一声。

但一直在完善这部守则，米歇尔·韦迪克强调说，同时在地质学和原材料署的仓库里将普罗伊萨格公司的资料重新装进硬纸箱。他本人这几年都在参与制定环保守则,他是国际海底管理局技术委员会的成员,该委员会每年会商一次,但他也是德国地质学和原材料署锰结核项目的负责人。

从太平洋考察回来之后,韦迪克就以德国地质学和原材料署的名义公布了一种新型海底收集器的研究草案。他介绍说,跟30年前的模型相反,不仅要用这些收集器收集尽可能多的结核,也应尽量少卷起沉积物。地质学和原材料署预计阿克尔·维尔特这样的公司会提出建议,德国的高校也在研究这个课题。

柏林大学、克劳斯塔尔技术大学及卡尔斯鲁厄、汉诺威和锡格大学的工程师、机械设计制造人员和设计师们自20世纪70年代起就在研制收集器和抽吸泵。他们专门在水池里倒进淤泥和从地质学和原材料署借来的锰结核,测试他们的样机,发明出了海底防滑机械及振动设备,要用它们将结核和沉积物离析开来。赫尔曼·鲁道尔夫·库德拉斯相信,会有某个类似于曾经的普罗伊萨格海洋管理公司的新的国际财团采用这种技术,在德国的许可证区域开采锰结核。他估计,为此需要10亿~20亿欧元的启动资金,大约10年后这事就可能成为现实了。

我拿起一块来自深海的黑色小结核掂量。这是实验室里地质学和原材料署的工作人员送我的,是从一块锰结核上断裂下来的。他们将一侧打磨刨光,好看清楚结核内部的"年轮"。但是,尽管有这个纪念品,当米歇尔·韦迪克和赫尔曼·鲁道尔夫·库德拉斯陪我穿过这家联邦机构长长的走廊走向门口时,我仍然觉得,在远离汉诺威15000公里的太平洋海底不久就要开采原材料的想法极不现实。

当我说出我的怀疑时，米歇尔·韦迪克严肃起来。“这些计划甚至非常现实。”他说道，“我们只要观察一下近几年的发展，看看中国和印度在多么有力地推动这个课题，我就相当肯定，第一批锰结核不久就会被开采出来。”韦迪克和库德拉斯定期去拜访他们在中国、印度或韩国的同事。在那里他们经常妒忌得脸色煞白。这些亚洲国家已经对锰结核区域进行了数十次考察，韦迪克讲道，它们提取了数百个试样。如今他们十分清楚，他们要在他们的矿区的哪里开始开采，德国客人在参观时无法了解这些计划的内情。“这些数据像国家机密一样受到保护。”韦迪克说。

地质学和原材料署的海洋生物学家们认为，德国还一瘸一拐地跟在后面跑，这让韦迪克和库德拉斯受到的刺激更大。他们想让靠德国的税收申请到的许可证地带及费钱的勘察物有所值，有利于他们在陆地上的工作。因为他们的主要目标依然是——他们要依靠锰结核减少德国经济对进口原材料的依赖。

下一趟太平洋航行行将到来，为了满足国际海底管理局的环保条件，这回米歇尔·韦迪克将携异常大的增援部队上船。海洋生物学家彼得罗·马丁内斯·阿维苏是威廉港森肯伯格研究所的德国海洋生物多样性调查中心的负责人，他将带领他的团队参与德国地质学和原材料署在“德国的第17个州”的勘察，要在开始深海开采之前，对太平洋底的生态系统进行普查。

在一次去威廉港拜访时彼得罗·马丁内斯·阿维苏向我

解释，希奥马尔·蒂尔的干扰和再沉积实验项目是生物学家们自己调查的一个重要基础。但会有很多差异，这位生物学家估计说：干扰和再沉积实验是在秘鲁近海进行的，距离太平洋里的锰结核带5000多公里。估计那里生活着完全不同的动物，地面特征也跟夏威夷和墨西哥之间的矿区迥异。

但森肯伯格的研究人员还想依靠另一个基础。彼得罗·马丁内斯·阿维苏已经到过锰结核带一回——2004年，在法国海洋开发研究院的主持下。作为桡足亚纲动物和其他微小生物的专家，他在“NODINAUT”号考察期间帮助过那些同事在法国的许可证区域调查锰结核。法国也从国际海底管理局拿到了一个许可证，法国海洋开发研究院负责5000米深处区域的考察。

同时，这些生物学家不仅帮助满足国际海底管理局的条件，他们的成果也有利于弄清深海的物种多样性，有利于由海洋生物普查项目发起的Ce DAMar项目（深海海洋生物多样性普查），该项目由森肯伯格研究所主持。在法国海洋开发研究院的考察航行之前还没有哪位生物学家到过夏威夷和墨西哥之间浩瀚的深海平原。他们见到和发现的一切都是新的。马丁内斯·阿维苏介绍说，他们至今还在忙着分析。

一想到不久钻头和收集器就会搅翻锰结核区域，生物学家们就兴奋不起来。这不仅仅是出于原则，他们目前的调查成果就表明，在整个海洋里大面积开采锰结核会造成伤害。

马丁内斯·阿维苏建议我去找布雷斯特的勒奈克·梅诺和他的女上司若埃尔·加莱隆谈谈“NODINAUT”号考察。因为这些研究人员既调查过安哥拉近海海底，也去过太平洋。

我应该叫他们让我看看他们拍摄的锰结核区域的照片，是“鹦鹉螺”号载人潜水器下潜时拍摄的。马丁内斯·阿维苏说，因为他们当时有一个非常特别的发现，它让他们了解到了有关深海平原生命的许多情况。通过这一发现，对于如何“环境可消化地”开采锰结核的问题——如果这种事真有可能的话——他们也迈出了关键性的一步。

警告还是希望?

数千米深处的危险和灵丹妙药

“当窗口被从外面关上时,我就一清二楚:要过上好几个小时,才能再从这里出去。”在法国海洋开发研究院深海实验室的楼上,若埃尔·加莱隆坐在她的办公桌旁,望着一堆照片,最上面那张上可以看到一只有“鹦鹉螺”号字样的黄色潜水器。研究人员身穿单衣,在一人高的船体前侧安装设备,用螺丝固定灯盏和摄像机,查看抓臂。下一张照片上潜水器被吊下水,像只开有窗户的圆集装箱被吊在吊车上。加莱隆的眼睛在办公桌后面的墙上移动,好像当她回忆自己坐在“鹦鹉螺”号的前身、“Cyana”号潜水器里首次下潜时,她的目光必须盯紧某个地方。

“头回下潜时我是有不舒服的感觉。你们两人或三人坐在一只直径才 2 米的钢球里,钢球周围是浮力舱和船载仪器。然后你被抛进水里,不久就一团漆黑,到处传来沙沙声和咔嚓声,材料随着压力的增大而呻吟。然后是那个念头:我们上方的水先是 1 公里,后是 2 公里,某个时候就达到了 5 公里或 6 公里。”勒奈克·梅诺同意地点点头。他在加莱隆的办公桌桌尾为他的笔记本电脑找插座。他将那些照片往旁边推开一点，将电脑放在桌上，重新放进一盘DVD。

“可这当然是无稽之谈。”加莱隆接着说，“我是指害怕，因为准备潜水器、在水下操纵它和在母船上监视它的人都是100%的专业人士。他们已经操纵这些设备多年，一清二楚他们在做什么。”此刻笔记本电脑上波涛汹涌，气泡在摄像机上炸裂，水花飞溅，泛起泡沫，然后是蓝蓝的一片。刚刚还像照片上那样停放在科考船甲板上的“鹦鹉螺”号，在梅诺开始播放的影片里潜进水里了。

画面上突然钻出一名潜水员的头，他用大拇指和食指做个圆圈，用潜水员的语言这代表“一切正常”。摄像机摆动过来，另一位潜水员拉拉设备，检查入口的密封是否可靠，检查完后他才也做了个一切正常的手势。这样细致不是夸张——最后的这道检查有可能救命。雅克·皮卡德就给我讲过，海军里发生的绝大多数致命的潜水艇事故都是因为有人忘记安全地锁闭潜水艇的小窗。我喝完塑料杯里的最后一口咖啡，将杯子扔进门旁的垃圾桶，拉过一张椅子。食堂里会有真正的现煮的浓咖啡，但没有时间去煮了。勒奈克·梅诺在向我讲完有关安哥拉考察航行的一切之后，客客气气地提醒我要抓紧时间，5点钟他得去学校接他的孩子们。那之前我们可以跟他的女上司若埃尔·加莱隆谈谈“NODINAUT”号考察航行和她对开采锰结核的后果的研究。加莱隆回忆起那次航行，好像它是昨天才结束似的。“NODINAUT”这个词由表示锰结核的法语单词——“nodulespolym é talliques（多金属结核）”——和潜水器的名字“鹦鹉螺(Nautilus)”号组成，加莱隆向我描述了航行的全过程。

2004 年 5 月 17 日，“阿特兰忒(Atalante)”号科考船起航离开墨西哥西海岸的曼萨尼约港。船上人员有若埃尔·加莱隆、勒奈克·梅诺、彼得罗·马丁内斯·阿维苏及另外 17 名来自法国、德国、日本、韩国、加拿大、英国和美国的研究人员。即便是政府委托的考察活动，在海洋考察中这么一支国际化团队也是常见的，不同的经历和同事们的鉴定书会让大家获益。在海上航行了不到一星期后他们到达他们的第一个目的地：北纬 14°，西经 130°。法国向国际海底管理局租赁的两个许可证区域的东边那个始于这里。跟德国的一样，这个矿区总共也是 75000 平方公里——法国已将原先的 15 万平方公里的一半退还给了国际海底管理局。勘探许可证的有效期为 15 年，到期后应该确定两件事：海底是否有足够珍贵的锰结核可供开采，是否可以使用环境可消化的方式开采它们。2001 年法国政府跟国际海底管理局签订了合同，研究人员必须在 2016 年前做到这一步。

“阿特兰忒”号开始在预定坐标上用导航仪定位。当“鹦鹉螺”号全体人员为潜水器的首次使用做准备时，考察队队长加莱隆跟研究人员们再一次研究接下来几星期的任务。“我们的目标是确定的，”她向我解释说，“我们要普查海底的物种多样性。我们想研究它们的生活空间的特点。船上这支团队的目标就是：找出那下面生活着什么，怎么生活，它们为什么是这样生活而不是另一种生活法。这任务可不简单。”

无论是在矿区的这个部分还是在西方 3000 公里远的第二部分，研究人员都要尽量多乘“鹦鹉螺”号下潜到海底。他们要到处录像拍照，并且“鹦鹉螺”号能装多少就提取多少试样，然后在船上就要开始最早的分析。

他们谁也不知道在“阿特兰忒”号下面 5 公里处是什么在等着研究人员，至今没人乘坐潜水器闯进过这个区域。“我们估计不会有黑烟囱附近那么多的动物。”勒奈克·梅诺描述他的期望说，“因为大家都认为深海底部食物稀少。”

然后总共 14 次下潜中的第一次就开始了。“经过差不多两小时，我们才下潜到 5000 米。”若埃尔·加莱隆又望望墙，然后盯着笔记本电脑的显示器。影片里“鹦鹉螺”号已经离开海洋表层水域一段时间，向深海潜去。屏幕上黑糊糊的。“这时候我们大多熄灭‘鹦鹉螺’号的灯，节省能源。这就是说，除了观看我们周围如何变得越来越暗，我们什么也做不了。大多时候不用多久，我们的眼睛就又适应了。后来奇妙的事情发生了，我们四周围亮光闪闪。”好像动物们要用它们的生物荧光为研究人员指引前往深海的道路似的。

我望着屏幕，根本看不到发光的水母和闪光的鱼。“我们没有拍下这一段。”勒奈克·梅诺道歉说，“为了省电和节约摄像机的存储卡。毕竟我们不知道我们在海底还想拍摄多少。”

他们在 5036 米深处到达底部，漂浮在海床上方一点点，打开了“鹦鹉螺”号的灯。若埃尔·加莱隆在一个跟她曾经见过的世界毫无相似之处的世界里苏醒过来。“有一刹那我感觉自己是坐在一座水族馆里。”她忍不住笑了，眼睛炯炯有神。可那是一座较空的水族馆：它的周围延伸着米色的海床。果然满是锰结核，眼睛尤其是“鹦鹉螺”号的灯光所及，到处是锰结核。她说，偶尔才有一条鱼游过或一只海蜘蛛从锰结核上爬过。但另有一件事引起了她的注意——地面似乎在下雪。微小的颗粒纷纷扬扬，缓慢，但不停地落到海床上，反射潜水器的光芒。研究人员已经在海洋里的许多地方观察到过这种由坏死的生物组成的"雪"，但它从没有下得像这里这样密集过。

"不奇怪。"勒奈克·梅诺议论说，"锰结核带海底的水流极小。我们测量的水速为每秒 4 厘米左右，也就是每小时 0.144 公里——比步行速度慢得多。太小了，无法吹开这雪。"

现在录像带偶尔会发出咔咔声，可以听到"鹦鹉螺"号里研究人员的简短评论。他们就要行驶的航向达成了一致。潜水器周围万籁俱寂，锰结核区在这里延伸，在海底和水面之间有着 5000 多米高的水。这些研究人员是闯进深渊的这座辽阔平原上的首批人类。

勒奈克·梅诺将录像带快进，时不时停下，又继续播放，画面几乎不变。"鹦鹉螺"号与地面保持大约 3 米的距离，飞翔在貌似无边无际的布满锰结核的矿区上方，偶尔会有个海参或一颗形状古怪的海绵从中钻出来。有些地方的锰结核很小，有的中等大小，像乒乓球，有时甚至有柚子那么大。就像赫尔曼·鲁道尔夫·库德拉斯在科隆附近的埃尔克伦茨向工程师们描述的那样：锰结核躺在那里，像是一块淡黄色田地上的土豆，好像只要采摘它们就行。

后来潜水器开始降落到地面，一团巨大的尘雾顿时包围了"鹦鹉螺"号，纤细的沉积物，轻轻一接触就被从地面卷起来了。它由上面纷纷落下的"雪"粒组成。面对尘雾研究人员估计，有些地方的沉积物厚达数米，它们年代久远。

"这里形成 1 毫米沉积物需要 200 年。"勒奈克·梅诺讲的这个时间跟米歇尔·韦迪克所说的一样。那位汉诺威的地质学家说,1000年里,沉积层会生长2~6毫米。“陆地上平均一年内就能形成1毫米厚的沉积物。”梅诺比较道。如此说来,研究人员估计,影片里在“鹦鹉螺”号周围慢慢落下的1米厚的沉积物层,是过去的4000万年里形成的。这样它们就比安哥拉近海的油田更古老,比阿尔卑斯山脉和比利牛斯山脉更古老,比我能够想象到的更古老。

海底平静下来之后，研究人员们又经历了另一场吃惊。“看前面,那是一只海蜘蛛!那儿还有一只!你看,那细细的长腿和粉红色的躯体!”电脑里发出沙哑的声音。“鹦鹉螺”号上的研究人员显得很激动,“那后面长着一株海葵,就长在一块锰结核上!”另一个女性声音叫道。锰结核矿区中央的生命比他们飞过时显示的要多。

“不可思议,真大啊！”若埃尔·加莱隆望着我,脸有点红了。录像里那几乎刺耳的声音就是她的。下潜时她本人坐在“鹦鹉螺”号里,仔细记下他们看到的一切。一只大约30厘米长的红色巨虾吸引了她。录像里的巨虾腿上有毛,绿色的鞭状眼睛,两根触须前伸,正骄傲地爬过网球大的锰结核。“我们能给它拍张照吗?”她问“鹦鹉螺”号里她的两位同伴。“不行,相机拍不到边上这么远。”加莱隆叹口气,听得出她很失望。“可我们已经拍摄这么长时间了。”另一位研究人员安慰加莱隆道。

“鹦鹉螺”号小心翼翼地又开始飞翔了,但这回离地面近得多。“老是出现很大一片面积，我们在上面几乎看不到动物,就像开始时一样。可那之间,居住在海底的物种之多出乎意料，让我们几乎看不够。”加莱隆讲道。此刻显示器上的锰结核里钻出来一个生物，看上去像朵大花。它有一根长茎，淡红色的头颅，头上翘着稀疏的白色纤维。“这是一只珊瑚虫，”勒奈克·梅诺解释说，“一只年轻水母。这些动物早期经常是座生性的，也就是说，它们黏附在海底。后来发生一场所谓的换代，珊瑚虫的上层分离开来，成长为一只水母，水母自由地在水里游弋。”我愣住了：夏天在海边度假时经常败坏人们游泳兴致的黏糊糊的生物是来自这儿吗？来自5000米深处？“它们当中有些是的。”梅诺微笑着证实了我的认识。

他们将考察活动的总共14次下潜的最重要内容合并在了一起。勒奈克·梅诺快进一点，当有特别引人注目的动物进入画面时就停下来。比如一个圆形外翻就像设计展览中的迷你沙发的动物。“一只海绵。”梅诺解释说。或者那个类似于粗壮残躯上有根圆形荧光管、长着橙色触须的动物。“一株海葵。”我了解道。研究人员也在海底发现了彩色的海星星，录像里，两名研究人员用红色长臂在沉积物里翻挖，不久就有一只黄色海星星身体中央鼓起来，另一只是紫罗兰色的，扁扁地躺在一块锰结核上，一动不动。

“动物的数量超过了我们的预期，光凭肉眼我们就在每公顷面积上数到多达300种动物。”加莱隆总结说，“对于这些本没啥可吃的荒凉的深海平原，这数量是巨大的。”

有一个动物纲在锰结核地里出现得特别频繁，她报告说是海参。录像里一颗深红色的海参从许多锰结核上缓缓匍匐开去，一颗身躯长长、有疙瘩的灰棕色同类滚向一旁，后来影片里出现一颗白海参，长有透明长刺——梅诺说，这种海参

只有很深的地方才有。

“我们估计,是海参导致锰结核总在上面。”我疑问地望向勒奈克·梅诺。“本来人们会想,这些结核应该早就被沉积物覆盖了。”他解释说,“毕竟微小的颗粒在不停地漂落下来,锰结核的生长要比地面新沉积物的形成速度慢得多,但它们一直都在上面,”他将录像带放到“鹦鹉螺”号照亮一颗深黄色海参的位置。摄像机拉近焦距,我看到它的身体在借助下侧的小小隆起匍匐向前,在锰结核上面越爬越远,锰结核同时轻轻摇晃。梅诺点点头:“海参在寻找食物——蠕虫、虱目动物等时,将结核移动一点。这样沉积物就可以滑到锰结核下面去,锰结核留在上面。至少这是我们至今拥有的唯一解释。”

为什么海底虽然黑糊糊的,却有那许多种颜色鲜艳的动物呢?这些动物到底吃什么,它们又被谁吃掉——这一切对研究人员都还是谜。

电脑音箱里突然传来哈哈大笑声。一只小章鱼进入画面,章鱼约有20厘米长,它的8根触须之间长着浅红色的蹼膜,一颗白色圆头。它移动的方式很奇怪:它用头两侧看上去像招风耳的大鳍——几乎笨拙地——在水里游动。研究人员已经在其他海域见到过这种章鱼目的代表,它的拉丁文名字叫作Grimpoteuthis。但研究人员给它们取了一个别名,Dumbo,跟迪士尼经典动画片里能用大耳朵飞翔的小飞象一样。这条“小飞象”章鱼一下子征服了研究人员的心。因为在乘坐“鹦鹉螺”号下潜之前他们都以为,它们主要是生活在大西洋里,在300~500米深的海域。“小飞象”们也生活在太平洋里5000米深的地方，这对他们可是新鲜事。

现在，这只“小飞象”在目标明确地接近一只白色海葵。海葵只比它略大一些，长有粗壮的白躯干和带刺的长臂，鹤然傲立在锰结核中间。“小飞象”直接在海葵面前停下，提起它的裙子样漂动的蹼膜，慢慢下沉，好像它要降落在海葵身上似的。章鱼猛地战栗了一下，试图后退，同时摆动耳朵，触拂海葵的多根带刺的臂，然后软塌塌地在它身旁沉去海底。片刻之后它离开一个大锰结核，慢慢游走了，它显得几乎有点失望。“它失算了。”勒奈克·梅诺微微一笑，“海葵分泌出麻醉的毒，进行自卫。看样子‘小飞象’真吃到了苦头，它好像瘫痪了一下。”这下“小飞象”不得不继续想办法另寻着陆位置和食物了。

在“阿特兰忒”号科考船上，研究人员们分成三个小组：第一组负责大动物，比如虾、海参、鱼或章鱼。为了调查这些所谓的超大型水底生物，他们主要是使用录像和照片工作。第二组负责较大型水底生物，其代表经常只有几毫米大，要发现和检查它们，必须先用“鹦鹉螺”号从海底采样。中型水底生物和较小型水底生物也是这样，它们的大多数代表是人类的眼睛几乎看不到的。所有不足1厘米的，都算作中型水底生物，所有不足250微米的，也就是一个毫米的1/4，都属于较小型水底生物，只有在显微镜下才能认出来。

因此，“鹦鹉螺”号配备了玻璃管，可以在显得最有希望的地方将它们插进地里。研究人员还从船上放下一只所谓的箱式抓手，它能借助一只金属箱子在地里撞出一个大正方形。箱子内部够大的,可以同时容纳海参、锰结核和沉积物。

"鹦鹉螺"号首次下潜后"阿特兰忒"号船上就开始了整理:筛滤沉积物样品,分装进盛装小动物和微动物的玻璃瓶里,倒进甲醛,仔细包装好,留待实验室里检查。这时研究人员注意到一件事——采样区域的锰结核越多,沉积物里的动物就越多。事实证明,乍一看显得很荒凉的海底,却是品种极丰的微小居民的群落生境。他们在锰结核上也发现了各种动物——与先前希奥马尔·蒂尔及其同事们发现的一模一样。显然,这些金属结核不仅吸引原材料工业,也吸引深海的居民。

若埃尔·加莱隆从架子里拿起一个本子, 从中取出一张黑白绘图,递给我。"这是我们在锰结核下面的沉积物里发现的动物中的几种。"她说道。微小的蠕虫、幼虫和蟹类动物在图上被放大,长着胡子楂似的毛发、交错的肢节和复杂的内脏。"这些图是威廉港和伦敦的分类学家们绘制的,他们忙了好几天。这些照片,"她从本子里拿出几张彩色照片,照片上的背景是深色的, 人造灯光照耀着蠕虫、小虾和端足目动物,"是用显微镜放大的。"

这些动物没有一种是相像的。我翻看一本相册,拍摄的是长有甲壳和一种小胡子的动物。"这是 Copedoen,桡足类,彼得罗·马丁内斯·阿维苏的专业领域。"勒奈克·梅诺向我解释说。我想起来,威廉港的那位生物学家在谈到他的"NOD-INAUT"号考察之行的成果时向我讲过:"一捧沉积物就已经含有高达 50 种桡足类了。"研究人员早就认为,深海平原只是那些其代表大多数生活在大陆坡上,只有少许闯进了较深区域的物种的一种收容盆地。“可锰结核地里生活着跟大陆坡的那些毫无关系、完全独立的种类。”马丁内斯·阿维苏说道，“其中的99%我们先前从未见过。”

但“NODINAUT”号考察期间新发现的动物种类的数量很快就成了问题。“我们在锰结核地里找到了数千种，不，数万种此前一直不知道的。”加莱隆报告说。研究人员还不明白这些动物对食物链、水产业或世界气候有何意义。我不由得想起法兰克福森肯伯格研究所的米歇尔·杜尔凯和他的浴缸比喻：海洋不只是一只盛满水的浴缸，而是在地球的新陈代谢中扮演着重要角色，保持这一循环的是最小的微生物——微小的动物，它们生活在水里及海底和海底下面，用它们的代谢过程为地球生命的存在做着贡献。

勒奈克·梅诺和若埃尔·加莱隆从他们的考察航行带回的又是问题多于答案。虽然已经在实验室里检查过了许多试样，但是，很显然，还谈不上锰结核区域的生态系统的普查。要想按照国际海底管理局的要求，全面了解许可证区域的生态，并加以分析，要知道那里的深海开采如何让环境能够消化，尚须继续在太平洋里进行很多考察。

勒奈克·梅诺几乎是不经意地提到，他们在5000米深的海底还有一个很特别的发现。这个发现让他们意识到，德国计划的开采也会在那里造成什么破坏；要避免很大的损害，必须制订哪些预防措施。彼得罗·马丁内斯·阿维苏在我去威廉港拜访时就已经暗示过了。勒奈克·梅诺重放进一盘DVD，开始播放。

开始时一切看上去都跟前面一样，一只水母长在锰结核中间，一只红海参缓缓地向前匍匐，此外除了结核远近就不见什么了。后来风景骤然中断，“鹦鹉螺”号在接近一个小土堆。潜水器从土堆上方飞过。另一侧有条荒凉的通道，通道里不见任何锰结核。相反，浅色的海床上存在拖痕。再远一点又是下一个土堆。那后面的地面又跟先前一样，同样布满了密集的锰结核。

下一个画面，“鹦鹉螺”号沿着通道飞行，看起来好像昨天刚有一辆挖掘机从那里驶过了似的。“那里怎么回事？”我询问道。“这个嘛，在我们发现它时，这个痕迹已经存在26年了。”加莱隆解释说，“它是1978年试开采时留下的。”

这个1.5米宽、10厘米深、数公里长的痕迹不是随便某一次试验留下的。它是海洋采矿公司遗留下来的，德国的普罗伊萨格公司也属于这个工业财团。法国海洋开发研究院替法国在这个地区申请一个许可证区域时，从国际海底管理局得到的资料证明了此事。

当生物学家们得知，在今天的法国矿区里20世纪70年代就曾经进行过锰结核开采测试时，他们打算寻找开采的痕迹。但他们只知道试开采的大体坐标，不肯定海底是否还有什么痕迹。勒奈克·梅诺介绍说，他们下潜了好几回，寻找遗留物，每次都是徒劳无功。可是，后来，在“鹦鹉螺”号的圆窗外，在5042米深的地方，海床上果然出现了这个通道。研究人员十分吃惊，这条通道在过去26年里显然毫无变化。

录像片里，“鹦鹉螺”号正缓缓地沿着那痕迹继续潜行，它像一道撕裂的伤口穿过锰结核区域。那是1978年从

"SEDCO445"号船上放到海底的收集器之一的痕迹。它笔直地往前行驶，收集挡在它途中的所有结核和沉积物，还碾碎海床上的结核，将混合物通过一根长管子抽上去。这是汉诺威的地质学和原材料署的资料里的描述。船上欢庆一个新纪元的开始——看都没再看看5000米下的海底。

"我们可以在这儿降落吗？"电脑里传来的勒奈克·梅诺的声音听起来很清脆。次日，在"NODINAUT"号考察活动的研究人员找到"SEDCO445"的通道之后，他和两名同事重新乘坐"鹦鹉螺"号探访了试开采的地点。他们带来了增援，当录像里"鹦鹉螺"号周围的灰尘落定时，在相距几米远处有一台大型设备在海底着陆了。"设备里安装有专用测量仪及其他试样管，我们想用它们来检查通道的地面。"梅诺解释说，"因为我们不清楚，我们是否会在里面找到生命。"

研究人员先是用一个所谓的呼吸计测量通道里的海床是否在"呼吸"——这就是说，里面是否有气体交换，如果有，就可以推断存在物质代谢和生命。结果很显然，这地面真的在"呼吸"。他们从沉积物里一共提取了16份试样。既从痕迹内的不同位置，也从附近和周围较远的海底还保持着原始状态的地方。

他们还无法在船上分析这些试样，分析它们需要特殊的显微镜，尤其是时间。两年半后他们才到达这一步，得到了第一批分析结果，将它们公之于众了。如果那是一篇有关热带雨林的报告的话，环保分子和动物保护组织也许就呐喊开了。但"NODINAUT"号的考察成果很大程度上没有引起专业界之外的重视，虽然科学家们在结论里讲得惊人地明白。

开始时他们几乎放心了，梅诺回忆说，在从通道提取的试样里他们发现了与从锰结核地带原始状态部分提取的试样里一样多的生物，可后来他们仔细看了对发现的动物种类的分析，他们被吓坏了。通道里没有了跟锰结核有着直接接触或密切联系的那些动物。另外，周围的动物也没能全部回到被破坏区域。与安哥拉近海道达尔公司的钻孔一样，迁居进来的是别的动物。研究人员不知道它们从哪儿来，为什么周围没有它们存在。但他们担心，长期下去这些动物会打乱深海地面至今的平衡。

海底本身几乎也没有从26年前的入侵恢复过来。由于水流小，沉积层生长极其缓慢，地底从那以后几乎没有变化。研究人员估计，现在通道里缺少了重要物质，它们是此前生活在那里的动物种类的基础。“我们现在虽然知道，原则上深海动物有能力重新返回一个被破坏的区域居住。”勒奈克·梅诺总结说，“但我们还是说不清自然状态能否恢复，这要持续多久。”面对由结核和沉积物组成的这个独特世界发展形成的数百万年，恢复很可能需要很久很久。另外，从这个小小区域几乎无法推断威胁海底的是什么，“锰结核带将来每年会有数万平方公里被犁翻。”梅诺望着我，“这面积巨大，会被彻底破坏掉。”那时候会卷起尘雾，尘雾会被水流带到更高的水层，分布到海洋里比开采面积本身大10倍左右的地带，他认为这几乎无法避免。

生物学家们担心，那样就会无法挽回地破坏掉大面积的深海地面。“深海物种从哪儿来重新定居在开采后的这些面积上呢，如果它们的生活空间不复存在了？”勒奈克·梅诺轻轻摇摇头。他在他的报告里写下了所有这些不确定、怀疑和担忧。研究人员果真拿开采锰结核与砍伐亚马孙河流域的雨林相比——锰结核地区的面积正好与南美残余的热带丛林的面积一样大。致命的区别是——有关深海的“伐光树木”，陆地上暂时不会有人听说什么。因为海底没有能够敲响警报的人类，因为要查看5000米的深处是否一切正常，需要巨额花费。

“有一种可能，能给环境一个重新恢复的机会。”这一刻若埃尔·加莱隆说道。我吃惊地看着她，如今我甚至都认为，没办法躲过对海底的大面积破坏。一旦许可证区域的生态勘察结束，开采的一切都准备就绪，就开弓没有回头箭了。采矿业想尽快跟随石油集团，肆无忌惮地开发深海。“好吧，”加莱隆介绍说，“我们希望工业界开发出不完全犁翻地面的技术，用这些技术吸进或小心翼翼地捡起结核——让尽可能多的沉积物留在地面。”

但最重要的是开采前必须弄明白一件事，她说道：“大面积的锰结核地带必须保持原始状态。让动物们能在那里继续生活下去，开采结束后又能返回被破坏的区域定居，哪怕这可能持续几十年或更久。”勒奈克·梅诺从他的电脑里取出DVD，若埃尔·加莱隆整理照片和资料，将它们放回本子里。“这就是我们向国际海底管理局提出的建议。按照我们现在的知识水平，这是既能一定程度上保持深海环境，又能获得那下面的原材料的唯一机会。”

牙买加的国际海底管理局果真让人送去了“NODIN-

AUT”号考察的全部成果，甚至将若埃尔·加莱隆及其同事们邀请去了金斯顿。由于国际海底管理局自己不能组织深海考察活动——因为它缺少资金和专业人员——他们就不得不依赖许可证国家的研究人员在海底的发现。

同时，若埃尔·加莱隆和她的同事们还向管理局提出了一个要求，它的实现更显得不现实：他们要在锰结核区域成立保护区，任何人都不得在里面开采的保护区。那里的地面必须保持原始状态，不让海洋开采彻底破坏掉深海的生态系统。

在那之前，远海上哪里都没有这种东西。一出国界线和专属经济区，谁都感觉不到有保护海洋的责任。虽然存在一些渔业协定，用来确保北大西洋这些特定地区的鱼群不会被捕捞过量，可至今也很少检查这些协定的遵守情况。远海上根本没有完全禁止捕鱼的保护区。这些研究人员暂时真的只能梦想在深海海底建立“禁入区”。

但国际海底管理局敞开的大门让生物学家们很吃惊。“如果我们想修建一条新路，我们虽然必须伐树，”国际海底管理局前秘书长萨蒂亚·南丹在一次采访中承认说，“但这个挑战是不要与利润不成比例地砍伐，而是要在不会给动物世界和环境造成持续性破坏的程度上进行。”

经过跟海洋研究人员、国家原材料专家和工业界特使的长期谈判，终于将新的一章收进了国际海底管理局的采矿准则。准则里惊人具体地反映了法国海洋开发研究院的生物学家们的要求，写道，每个将来申请锰结核区域开采权的国家或集团，必须安排“足够大的参考区域”，不得在参考区域里开采。这些区域应该保持原始状态，在开采前、开采期间和开采后对它们进行调查，确保维持那里深海地底自然的物种多样性。对于若埃尔·加莱隆和勒奈克·梅诺来说，这意味着在他们以后考察时——在我拜访期间他们已经在计划了——他们可以目的更明确地进行。他们要挑选生态特别丰富、内有生活在整个锰结核区域的生物的许多不同代表的区域，他们想很快就在法国区域安排最早的“参考区域”。

如今国际海底管理局也参与了另一个保护国际区域海底的计划。为了保护大西洋东北部（OSPAR）的海洋环境，公约签字国要与环境保护组织 WWF 和一个由海洋研究人员组成的国际团队一起，沿中洋脊创建一个海洋保护区域链。这些区域里要减少捕鱼，部分禁止开采矿藏。虽然只有 15 个欧洲国家及欧盟同意这个公约，但计划的这些措施将是国际海洋保护的一大突破。

尽管如此，当我们在布雷斯特交谈时，加莱隆和梅诺显得并不是很轻松。国际海底管理局的开采准则没有对锰结核区域做出更具体的说明：那里既没有定义保护区域及“参考区域”必须多大，也没有确定谁来审查这些区域的挑选，他们批评这个准则道。也不明确，一旦发现恰恰在这些参考区域有着利润特别丰厚的锰结核矿藏，是否环保优先。但主要是没有人保证，一旦他们的船在远海上投产了，开采公司会真正遵守保护规定。

这与国际区域的海底属谁的问题类似：联合国海洋法公约里的内容和国际海底管理局的条款都是出于好意、考虑缜密的。它们证明了人类既想公正又想促进与地球资源的持续交往。但截至现在所有的文本都是纯理论。锰结核开采尚未开始,尚不清楚各国和各公司是否会遵守太平洋矿区的人为边界线,同时必须等候事实证明的是,环保规定是否会得到遵守。但只有那样,保护性地对待"人类的共同遗产"才真正有效。

研究人员对未来抱着一种既怀疑又希望的复杂心态。怀疑,因为仍有那许多问题没有答案,陆地上原材料开采的经验表明,当事关宝贵的铁矿或油田时,环境问题常被忽视。但他们也充满希望,因为锰结核带的深海环境研究与安哥拉近海至今的研究存在一个区别:这回,在大面积入侵之前,他们真正可以调查海底未知的生活空间,很大程度上独立于企业的利益进行真正的基础研究。

这一回,在争夺深海海底宝藏的竞争中海洋研究人员还有一点时间。他们一同坐在桌旁,参加应该如何在国际区域开采锰结核和其他原材料的谈判。不过,国际海底管理局仅在远海才有点发言权,而不是在领土海域和各国的专属经济区,环境研究人员及其关心的事情在那里仍然处境艰难。

同时,保护海底一个个区域,不让原材料开采破坏它们,这个主意赢得了意料不到的支持。像道达尔公司、雪佛龙德士古公司和挪威石油公司都假装发现了他们对深海研究的爱。药物企业和生化技术公司也一样,这些行业的许多企业真的连续多年注资支持海洋生物普查。我从巴黎的让·弗朗休斯·明斯特那儿了解到,如今石油集团们甚至准备放弃某些地方的海底资源。不过不是因为它们心地善良,而是因为它们认识到了,可以利用深海活生生的宝藏。

几年来，深海研究发展形成了一个分支，它主要是引起了化学和药物界越来越浓的兴趣。在法国海洋开发研究院，丹尼尔·德布吕埃尔，深海实验室负责人和该领域国际领先的专家之一，从一开始就参与了这个分支的创建。“许多人相信深海研究与他们的日常生活毫无关系，”我头一回去布雷斯特拜访时他就对我说，“可实际情形并非这样。它现在就对许多领域具有重要意义——我这里指的不仅是气候研究、物种多样性或原材料工业。”他答应下回要带我参观海洋微生物学科。他毫不故作谦虚地宣布，他们在那里致力于研究“取代化石原材料，借助海洋生物抢救生命”这个醉人的承诺。

于是，在我跟勒奈克·梅诺和若埃尔·加莱隆交谈的次日，我一大早就坐在一辆出租车里重新拐上了法国海洋开发研究院宽敞的地皮。这回，我想在高高的布列塔尼礁石上方了解这个研究分支是怎么回事。片刻之后，我就在丹尼尔·德布吕埃尔的陪伴下，走进了一个“蓝色生物技术”的世界。在那之前我对这个世界的存在又是一无所知，但它有可能彻底革新化学和药物学工业。

丹尼尔·德布吕埃尔拿夹子夹起一尊金色小塑像。它由两个微小的圆拱组成，它们像蕨类植物的叶子一样向外拱起。塑像立在一块10厘米大的圆板上，德布吕埃尔将它放到面前的托盘上，然后关上他从中取出塑像的橱柜。我透过玻璃橱门扫了一眼，那里排列着数百尊这种金色塑像，等候对它们进行检查。

德布吕埃尔拉开房间中央一台灰色仪器上的抽屉，仪器

几乎占据了无窗实验室里唯一一张桌子的一半。他将塑像放到抽屉中间的一个装置上，抽屉轻声嗡嗡地重新关上了。德布吕埃尔招手叫我过去。“这些镀金塑像是我们在黑烟囱附近发现的小蠕虫。”他解释说，“它们千差万别，它们中有些已经经过分类，另一些我们这是头一回检查。”他在桌子中央的一台电脑旁坐下来，电脑通过粗电缆跟仪器连接在一起，“我们给这些动物涂上薄薄的一层金。这样它们的表面就能导电，我们就能在这么一台扫描电子显微镜下检查它们。”

他面前的显示屏上渐渐出现一幅黑白图片。“显微镜在用电子射线扫描动物的表面。金子将这道光线反射回来，使得躯体表面的结构清晰可见，分辨率极高。”此刻一个肢体分叉、长有胡子的半圆的弧充塞了显示屏，可以清晰地认出来。“这是蠕虫的身体，被放大了差不多100倍。”德布吕埃尔解释说，“现在我再将这张图放大100万倍。”

他多次按键盘，灰色调的图像不停地膨胀，躯体部分显得越来越大，直到再也认不出胡子和肢体，只看到粗粗的、头发似的一束束。它们像一丛从泥泞底部长出来的攀越植物。这些发束被横杆等距离地分成一节节。德布吕埃尔再次放大图像，不久“泥泞的”底部也变身为一组组的节，珠子似的串在一起。

德布吕埃尔满意地笑笑，用手指摸着监控器上的珠串和发束。“在这儿，您可以看到海洋的生活空间主要是由什么组成的——微生物。这些节每一节都是一只原生虫，蠕虫靠它们生活。”

丹尼尔·德布吕埃尔报告说，这种小毛毛虫是在南大西洋的一个黑烟囱附近被发现的，在一个与新西兰近海的黑烟囱附近一样生活着许多种生物的区域。“这些细菌进行化学作用，也就是将硫化氢转变成碳化物。”他接着说道，“从而成了蠕虫这样的生物的食物基础，将黑烟囱变成深海绿洲。”

丹尼尔·德布吕埃尔属于那些最早的海洋研究人员，他们的美国同事1977年发现这些动物后就将黑烟囱的动物试样寄给了他们，希望这位拥有博士学位的微生物学家帮助破译这些奇特的生态系统的基础。从那以后德布吕埃尔及其同事们就在深海不断发现新的细菌及其原生虫，不仅是在黑烟囱附近，90%以上在海洋里发现的生物体，也就是所有有机物质中的90%，都是由细菌、真菌或微藻——统称为微生物——及病毒组成。

“海洋里生活着与陆地上完全不同的微生物和病毒，它们适应了各种各样的条件。”德布吕埃尔解释说，“它们既住在北极地区冰冷的水域，又住在黑烟囱滚烫的烟道里，住在辽阔的深海平原和珊瑚礁上，它们无所不在。这些微生物在为地球上可以住人做着贡献。”德布吕埃尔一一列数，说微生物负责处理二氧化碳、制造氧气、过滤水循环和雨循环里的有毒物质。我又一次想到了米歇尔·杜尔凯的话：“我们人类几乎要让人感到难过，因为我们依赖阳光和植物，没有这些基础就无法生存下去。”德布吕埃尔微笑着说：“相反，深海微生物形成了我们只能梦想的能力。您过来，我给您看几个例子。”

在地下室一条过道的墙旁，德布吕埃尔在一张一人高的招贴画旁停下来。身穿白大褂的研究人员在过道里奔走，又消失在实验室的大玻璃板后面。招贴画上可以看到塑料瓶和塑料叉的照片，它们不停地碎成一系列照片，直到最终只剩下一堆堆粉尘。其他照片上的垃圾袋和别的包装也是同样的命运。“这是深海细菌的一种可能性应用——生物塑料，”德布吕埃尔解释说，“它们由有机的原材料制成，一段时间后自行分解。”他将我领进一座由通道和实验室组成的迷宫内，“这一发现将给塑料工业带来一场彻底的革新。”

我们途经摆放着本生灯、显微镜和玻璃盘的长桌，最后来到实验楼尽头一个狭窄的房间。一个男人在整理塑料瓶、易拉罐和透明容器。丹尼尔·德布吕埃尔将让·奎泽尼介绍给我认识。我得知这位微生物学家在法国海洋开发研究院主持生物资源发展项目——生物原材料利用。“丹尼尔真好，他不断给我送来来自深海的新微生物，我们可以借助它们在我们的实验室里制造小小的奇迹。”奎泽尼高兴地说。

奎泽尼从桌上拿起一只圆塑料瓶，上面印着一家化妆品公司的文字。“生活中常见的塑料容器至今几乎全是靠的石油，”他开始解释说，“但这含有许多问题。就我们所知，全球的石油蕴藏量越来越少，塑料垃圾还分泌出危险的毒素，腐烂起来特别慢。”

塑料垃圾不仅在陆地上成了灾难，地中海海底和其他深海区域现在就已经堆积着厚厚的垃圾山了。那是海滩游客、沿河非法的垃圾堆和船舶的残余物。但不是所有垃圾都沉到水底，几年前太平洋里就发现了一个巨大的塑料垃圾旋涡，差不多有中欧那么大。无论是购物袋、汽车轮胎还是香波瓶，文明世界里不再需要的所有东西，都从海滩、河流和船只到达远海。由于表面的一种陀螺形海流，夏威夷以北的太平洋变成了一种旋涡：塑料材料在水里相互摩擦，被碾碎成越来越小的颗粒；同时还分泌出毒素，堵住海鸟和海洋哺乳动物的胃，排挤海藻和浮游生物，让阳光几乎无法透射。

让·奎泽尼从一只容器里捞出一块边缘很厚的透明塑料圆抹布，将它对着光线。这位研究人员笑着承认说，它看上去像只被撑得很宽的避孕套。“相反，这种塑料的基础是深海微生物的新陈代谢产品。它会在数星期或数月之后自行分解，因为它的碳纯粹来源于生物。一旦它得到大量使用，我们马上就会摆脱两个问题——垃圾和石油。”

而所谓生物塑料并非崭新的发明。一百年前就已经有木偶、胶卷或合成材料罐是用纤维素或玉米淀粉之类生产出来的了。可这些“自然塑料”很快就被当时更便宜的东西排挤了——在貌似取之不尽的原材料石油的基础上生产的塑料。直至最近几年，生物塑料的市场才又增长起来。德国食品、农业和消费者保护部的一份研究表明，目前，对依靠生物原材料生产的包装和消费品的需求在以双倍的速度逐年增长。

奎泽尼和德布吕埃尔解释说，在深海微生物的帮助下，对生物塑料产品的需求会扩大几倍。奎泽尼在实验室里拿指关节敲敲一根玻璃圆筒，圆筒里有一种发黄的液体在沸腾。“这个过程叫作发酵。我们像酿啤酒或生产奶酪时一样给微生物加入各种配料，同时我们可以随意改变酸性值、温度和水的氧气含量。微生物的酶将这些配料转变成新物质——然后我们就可以检查都可以利用这些物质做什么。”我缓缓地点着头。生物化学从来就不是我的强项。

奎泽尼在一张纸上画出一个圆圈。“我们就当这是一个深海微生物吧。”他友好地说道，明显习惯了必须用简洁语言解释他的工作。他又往圆圈里画了许多小圆圈。“每个微生物都有许多酶，以前也叫酵母。它们属于蛋白质一组，是每个细胞、也包括我们自身体内的细胞，形成的基础。”

“细胞里的酶负责生化反应。”德布吕埃尔补充说。它们帮助消化，转换物质或复制遗传信息。在啤酒厂里它们用酵母酿啤酒，在奶酪厂里它们将奶酸变成奶酪。实验室里的发酵过程也差不多：深海微生物的酶制造所谓的聚合物——由链状排列的分子组成的化合物。奎泽尼从玻璃圆筒旁的一只盒子里抽出一种类似棉花糖的白色物质，“这些聚合纤维可以加工成性能各异的塑料。”

奎泽尼解释说，用这些聚合物可以生产出硬、软、透明、耐热或坚韧的塑料，可以决定是要它耐用还是迅速分解。这样它就既适合做薄膜、圆珠笔和饮料瓶，也适合做化妆品或胶带、玩具、电脑或汽车内装潢的基本材料，也可以在深海生物基础上研制出洗衣粉、洗涤剂，它们能在水温冰冷时去除污渍和油斑，奎泽尼介绍说。这样就可以节省许多至今必须用来将洗衣机和洗碗机里的水加热的能量，使用传统产品这是不可想象的。深海生物在极热或极冷的温度下也能繁殖，这使它们成了化学工业里的异类。

让·奎泽尼和他的团队与企业合作，开发许多新产品。有很多还处于实验阶段，奎泽尼目前不想说出它们的名字来。他介绍说，医学院、医院和制药企业如今也看中了这些深海生物。不仅在法国，世界各地的海洋研究所的实验室里都开始成立起一个新的经济学科,“蓝色生物技术”有可能发展为未来的繁荣市场。

这样,有些医院里现在就在使用来自海洋生物的可以生物分解的产品治疗病人了。无论是不必再从愈合的伤口拆除的缝合线,因为它们在几天或几星期之后会自行消除;还是用来固定体内骨折的螺丝和板，也不必像此前常见的那样,重做冒险、昂贵的手术去除它们,它们一旦履行了它们的目的,就自行分解。

但研究人员、医学家和制药工业最感兴趣的是一些深海微生物分泌出的毒物,遇到袭击时它们用这些毒物保护自己或它们的寄主。那些跟蜗牛或海绵共生、生长在珊瑚上或黑烟囱附近的细菌制造出各种各样的物质,它们在人类身上也具有抗病毒、抗菌或消炎的效果。研究人员也检查了这些细菌和造成这些深海动物的生物荧光的化学反应的医疗效果,已经能够从某些微生物获取多达 200 种物质了。在寻找新的抗菌素、止痛药或肿瘤阻断剂时研究人员在水面下发现了一座宝库。

已经有人申报了首批深海毒物的专利,美国圣地亚哥斯克里普斯海洋研究所的海洋生物学家威廉·凡尼克从一种扇形珊瑚里提炼出了活性物质假蕨素 C。据说它有助于防止虫叮、皮肤过敏和牛皮癣,有些病例里甚至可以取代侵害性的可的松。如今雅诗兰黛化妆品集团将假蕨素 C 加工成一种润肤膏，每年为使用这种活性物质支付给斯克里普斯研究所 70 万美元。

眼下威廉·凡尼克正在测试一种来自巴哈马群岛近海海

底的细菌对骨髓癌的疗效。这种原生虫海洋放线菌在它的自然环境里分泌出一种物质，能用它杀死消耗特别多的废料，从而是食物竞争对手的生物。凡尼克希望这种物质能在人体内用这样的方式杀死快速扩散的癌细胞。目前慕尼黑技术大学也在检查海洋放线菌的效果。生化学家米歇尔·戈尔和芭芭拉·帕茨还希望能通过有针对性的实验室工作消除这种细菌不利的副作用。虽然尚未批准将这种活性物质用作药物——还需要许多医学测试才能跨越这一障碍,但研究人员现在就已经声称,未来的治癌药物在海底。

反正美国的国立癌症研究所是这么坚信的。如今那里的实验室里已经将一万多种海洋微生物用于各种癌细胞测试了,也在将一些活性物质用于病人临床测试。一旦成功,企业就可以将这些活性物质推向市场。

一家此前几乎默默无闻的企业 PharmaMar,西班牙 Zeltia 化学集团的一家子公司，创造了这一科研分支的另一商业性成功。海鞘类动物加勒比海鞘,一种无脊椎的被囊亚门动物,它出现在加勒比海几米深的悬崖和珊瑚礁上,现在伊维萨岛沿海的大水产养殖场里也在养殖,西班牙人从中研制出了全球第一种获准使用的完全建立在海洋活性物质基础上的抗癌药物——Yondelis。美国研究人员发现,海鞘类动物特定的分子化合物粘在突变癌细胞的遗传特征上,让它们接下来不能继续繁殖。PharmaMar 为自己申请了相应的专利，继续为制药市场开发这一发现。

在最深达 4000 米的海里发现了海鞘类动物。现在研究人员希望继续取得像 Yondelis 这样的成功,因为这种药物被当作癌症常见疗法化疗的温和替代品。PharmaMar 公司承认，医学研究表明，在较长时间服用时，心脏和其他器官所受伤害也要小于传统药物。另外，Yondelis 不会导致脱发。2007 年欧盟批准了将 Yondelis 用于结蒂组织癌，2009 年被批准用于卵巢癌，还未允许将它用于乳腺癌和前列腺癌。PharmaMar 公司的股价自此就扶摇直上，并与行业巨头强生公司约定在美国合作销售。据 PharmaMar 公司自己声称，公司目前正从海洋生物中开发其他药物，要用它们治疗皮肤癌、白血病和肺癌。

这期间研究人员们甚至还发现了一种物质，它在实验室里显得对疟疾病原体特别有效。但至今没有哪家制药企业显示出要从这种澳大利亚海绵 Cymbastelahooperi 研制出相应药物的兴趣来，虽然疟疾仍是全球最常见的传染病，每年有近 100 万人死于疟疾，但疟疾主要出现在发展中国家，新药物在那里挣不到很多钱。

相反，在西方国家，这种“蓝色生物技术”也成了海洋研究人员的收入来源——威廉·凡尼克已经做了多年的示范。让·奎泽尼也从深海细菌开发出了用作植入物的织物，并为法国海洋开发研究院持有它的专利。德国研究人员的情况也差不多：莱布尼茨海洋科学研究所成立了基尔活性物质中心（KiWiZ），如今它已发展成为 Microbi Maris Biotec 企业。根据企业自己的广告，那里在研制“海洋微生物新产品”，用于“医学、药物学、化妆品、植物保护和用作食品添加剂”。同时，不来梅的阿尔弗雷德·韦格纳研究所正在极地海洋里寻找适合制造防冻剂、塑料、颜料或防晒霜的细菌——这项工作主要由莱沃库森的巴伐利亚集团和杜塞尔多夫的亨克尔集团资助。而美因茨的BiotecMarin股份有限公司自己说明，它又在海绵里发现了2000多种不同的活性物质，从中培育出了疱疹药和“生物硅酸酯”——一种适合用作骨植体和镶牙的玻璃，被研究人员誉为“未来通信技术的超导线”。另外，BiotecMarin公司还在测试海绵物质，寻找治疗皮肤癌、白血病及艾滋病毒HIV的药物。

这恐怕是制药业和化学工业关注海洋生物普查项目的主要原因。毕竟它的工程之一，国际海洋微生物普查(I-CoMM)项目，专门研究海洋里的原生虫。研究人员能够证明在一升海水里有多达2万种微生物，而在开始研究之前他们原以为一升海水里最多只有3000种。“深海是个几乎可以说取之不尽的生物原材料的巨大源泉。”丹尼尔·德布吕埃尔评论这些源源不断的发现说。研究人员每个星期都会在深海里发现几十种微生物。无论是在黑烟囱附近，还是在北极地区的冰层下，甚至在他们从一公里多深的海底取出的钻芯里。德布吕埃尔估计，“共有500万~1000万种微生物在世界海洋里嬉戏。”而至今已知的刚好只有1/10。

但是，不管来自深海的灵丹妙药让人多么兴奋，它们的获取并不总是以保护性方式进行的。海洋研究人员和制药企业经常必须成吨成吨地从海底捞取海绵或海鞘类动物，只为获得几克它们的活性物质。这种行为谈不上持久，虽然BiotecMarin公司在克罗地亚近海建立了自己的海绵养殖场，在那里让原材料重新生长出来。PharmaMar公司在美国研究人员的帮助下找到了一种方法，在实验室里复制 Yondelis-活性物质——这方法又是建立在发荧光的深海细菌的物质代谢的基础上的。

尽管如此，许多研究人员还是担心，丹尼尔·德布吕埃尔说道："很多微生物在海洋里的分布不是特别广泛，仅仅生活在有限的空间。它们依懒特定的物质、温度和水流，这些条件只直接存在于它们的周围。"如今深海微生物就已经面临威胁了：捕鱼的拖网，它们破坏海底巨大的区域，夷平珊瑚礁，破坏物种丰富的海底高原；气候变化，它导致海洋变暖变酸，从而造成珊瑚死亡，海藻品种和浮游生物品种消失；原材料工业，它向海里入侵得越来越深。丹尼尔·德布吕埃尔担心，如果在海底钻探、开采和挖掘，会有无数种微生物永远消失。

因此，研究人员最重要的目的是破译微生物的遗传物质。德布吕埃尔解释说，基因密码可以让人迅速区分物种，理解它们的酶和活性物质——有朝一日再在实验室里制造出这种活性物质来。那样就不必开采深海，而是可以在实验室里让生物原材料重新长出来。与矿业和石油集团开采海洋的关键区别就在这里——可以利用深海的许多生物原材料，而不会损害自然。

"我们必须加快速度。"丹尼尔·德布吕埃尔催促说，"因为对海洋的蹂躏早就开始了。"不仅海洋研究人员这么认为，美国基因研究人员克莱格·凡特，给人类染色体组完全排序的首位生物化学家，最近同样派他的团队下水了。最近，这些美国研究人员跟阿尔弗雷德·韦格纳研究所和不来梅的马克斯－普朗克海洋微生物研究所一起，开始在赫耳果兰岛近海采样。他们的野心勃勃的目标是用现代化的科研设备破译所有99%的未知海洋微生物的遗传物质。法国海洋开发研究院也在开始做类似的事情——由石油大亨道达尔公司资助。研究人员们希望基因分析能够取代分类学家们旷日持久的复杂工作。那时就不必再辛苦地绘画动物或给它们拍照,而只要通过它们的遗传物质提供一个遗传学指纹就行了。由于缺少设备和预算,至今这么做的情况极少。研究人员希望加快他们的工作速度——更快地澄清集团的石油开采到底如何影响深海的生态系统,至少若埃尔·加莱隆是这么估计的。

"海洋里的遗传宝库要高于陆地上好多倍。"丹尼尔·德布吕埃尔说道。在返回他的办公室的途中他停在一扇窗户前。透过一排树木,从这儿也能看到海岸和辽阔的大西洋。大西洋灰蒙蒙地躺在密密的一床云被下,只有地平线上才有星星点点的阳光在它的表面熠熠生辉。这场面适合进行一场原则性交谈。"陆地上的所有生命都来自海洋。"德布吕埃尔开始说道,"近40亿年前海洋里就开始有生命,至今所有的进化那里都存在。据说,地球上的所有大型动物家族在海洋里都有出现,其中只有一半上了陆地。第一批生物离水上岸,也只是5亿年前的事。因此,海洋里的生物拥有30亿年以上的进化优势。尤其是微生物,一切都是从它们开始的。其中有许多一直幸存到现在,在30亿年里发展形成了陆地上的我们还能学到一些东西的物质和机制。海洋根本就是一座完美的测试实验室。"

人体这么好地接受海洋物质,可能是由于人类最终也是来自海洋,德布吕埃尔补充道。从它的盐和微量元素的比例来看,人体的血清很像海水,我们体内的环境显然最适合来自海洋的活性物质。

可是,即使不久之后实验室里也能培养出细菌和其他原生虫,使用深海微生物还存在另一个问题——争夺海洋活性物质权益的斗争即将来临。这些生物属谁所有,谁可以将它们制造成药物或生物塑料赢利,并非到处都得到了一目了然的澄清,尤其是远海上更没有澄清。到目前为止,每个拥有相应技术的人,都可以下潜到海绵或黑烟囱附近,从细菌和其他原生虫提取活性物质,申报专利,让全球付钱使用它。许多研究人员，还有 PharmaMar、BiotecMarin 等公司都是这么做的。“可那些既进行不起昂贵的海洋勘探也付不起使用这种专利的昂贵许可费的国家怎么办呢？”当我在汉堡国际海洋法法庭拜访他谈及此事时，吕迪格尔·沃尔夫鲁姆问道,“这些国家就该在深海生物宝藏的竞赛中落个两手空空吗?被排除在外,不能使用那里发现的物质吗？”

为了避免这一点,联合国《生物多样性公约》早在 1998 年就决定，要调节隶属国家领土要求地区的遗传资源的使用,建立一个使用补偿系统。所谓的 ABS 协议(获取和利益分享协议)既包括陆地上的遗传资源也包括水里和领土水域海底及近海 200 海里区海底的遗传资源。可直到 2010 年,在遭到工业国家为主的数十年抵抗之后,这一协议才具有了国际法约束力。只要触犯它不被制裁,申报专利就不必以遵守它为条件,只有极少的国家将该协议立为了有效法律。

于是,有几个沿海国家开始自行向寻找原材料的生物勘探者索要高额费用,它们还要求参与分享来自海洋物质的利润。发展中国家盛行对生物海盗行为的恐惧,害怕研究人员和那些将它们的发现带去国外,在那里研制新产品、低价销售时让产地一无所得的公司。有些国家谨慎得恐怕有点过分。前不久海洋学家威廉·凡尼克想勘探菲律宾的珊瑚礁,菲律宾人向他索要的数额那么高,让他彻底放弃了前往这个东南亚岛国考察,虽然他认为菲律宾群岛周围的海域是世界上最丰富多彩的海域之一,虽然颁给了凡尼克发现的许多活性物质专利的美国癌症研究所只将许可证颁给那些让产地分享发展和药物收益的企业。

吕迪格尔·沃尔夫鲁姆认为生物海盗行为首先是个国际问题。使用远海生物原材料的人,至今都没有向任何人解释自己的行为的义务,联合国《生物多样性公约》也不干涉。“对于远海的生物资源,不存在任何司法规定。”吕迪格尔·沃尔夫鲁姆警告说。而现在这已经是当务之急了。威廉·凡尼克、丹尼尔·德布吕埃尔和让·奎泽尼这些研究人员也要求具有国际约束力的规定,从而阻止远海的生物海盗行为,他们将乐于遵守这些规则。吕迪格尔·沃尔夫鲁姆介绍说,联合国内部已经有了这方面的初步考虑。但联合国暂时面临着一个意外的问题——到目前为止都没有明确确定,谁对远海的海洋居民负责。

同时,必须区分生活在自由水域的动物和定居的动物,也就是住在地面或地下的动物。但仅仅这一点就已经很难了:成长阶段作为水母在海洋中畅游的珊瑚虫是不是定居动物呢?黑烟囱附近的小虾是生活在水里还是地面呢?经常开始时只是作为幼虫在水里游、后来定居海底的等足类和虱目动物怎么确定呢？不是每种动物都能明确定义为像鱼或章鱼一样自由游弋的动物，或像海葵或管虫一样一目了然是定居动物的。生物考察者们寻找的微生物的生活空间经常也无法明确确定。

尽管如此，如果遵守这一区分，根据海洋法规定，自由游弋的动物就归属海洋里的“活资源”的范畴。适用于这个范围的除了国家管辖权还有远海自由，这里也包括科学考察的自由。因此人人都可以自由使用远海的微生物。“要改变这种情况，并促成公平使用那里的资源，就必须修改联合国的《海洋法公约》。”沃尔夫鲁姆说道。因为公约里至今提都没有提过“遗传资源”。

定居生物不同，但复杂性不亚于此。严格说来它们属于海底，因此可以归由国际海底管理局统治——就与国际区域的锰结核一样。但《海洋法公约》里也没有这个规定。“那里写着，国际海底管理局负责海底的矿物资源，但不负责动物或植物性生命。”吕迪格尔·沃尔夫鲁姆解释说。但是，沃尔夫鲁姆认为，通过承认海底居民是“人类的共同遗产”的一部分，法律上像对待海底的其他所有矿藏一样对待，就可以摆脱这一规定。这样，同样也必须控制对国际区域遗传资源的使用，让地球上的所有国家能从中受益，就像对锰结核的规定一样。

但工业国家几乎没有谁关心此事，这位国际法法学家报告说。《海洋法公约》的必要修改至今受到阻挠。《海洋法公约》签署国显然也不喜欢另一种可能性选择——成立一个机

构,专门负责远海遗传资源,包括水里的和海底的。

出现这一法律真空主要有一个原因——各国政府缺少对深海的兴趣。虽然乐于接受来自海洋深处的好处——无论是通过捕鱼业、安哥拉近海和墨西哥湾的石油还是将来通过来自锰结核和黑烟囱的珍贵矿产的形式,但极少有政治家关心这些宝藏从何而来、开采它们会造成哪些破坏、它们会带来怎样的纠纷。而这些政治家是唯一能够纠正方向的人,只有他们才能找到使用深海原材料的国际规则。

谈到这事,国家首脑们就与研究和经济部部长一样喜欢将责任推给那些靠他们的工作引起了深海亢奋的人——海洋研究人员,说是只有他们才拥有找到适用于海底的规则所必需的专家鉴定,因此希望听到来自研究人员一方的建议。

一种没有说服力的逃避。

但是,作为深海先驱,研究人员认真对待他们的角色。他们真的开始了寻找持久和公正使用海底资源的规则,虽然这也不能让政治摆脱责任。对未来认真负责,同时还必须克服哪些困难,在新西兰近海考察的最后几天,我在“太阳”号船上获得了初步印象。

深海的两难选择

何去何从?

它看上去就像电视系列剧《星际迷航》里的“进取”号太空飞船,只不过要小得多,少了电视里指挥舱所在的圆形突出部分。甲板上有个铁架,等候在铁架上的潜水器由三根彼此相连、平行的管子组成:上面两根,分别是黄色和红色,白色的一根位于下面中间。管子尾部连接着各2米长的螺旋桨。“上面的管子负责浮力。”美国伍兹霍尔海洋研究所工程师达纳·约格尔解释说,“下面管子里装有测量仪器和蓄电池。不过,没错,外表上我们真是模仿了‘进取’号。”他咧嘴笑笑。

达纳·约格尔领导着在“太阳”号上用设备和技术支持考察的美国科研小组。他为此带来了他“最心爱的玩具”,他这么称呼这艘潜水器。下面的白管子上可以读到黑色字母ABE的字样,就是自主海底勘探器的意思。它是在约格尔领导下,经过多年工作,在伍兹霍尔海洋研究所设计并制造出来的。

ABE是新一代无人驾驶的深海考察工具的第一位代表,所谓的自主水下航行器(AUV)。其特点是它们能在水下自动操作。ABE 不像“基尔 6000”号是拴在一根数公里长的缆绳上，而是独立漂浮在海底上方，朝着预设的航线，潜行数百公里。虽然 ABE 用这样的方式勘探的不是外星球，却是无限辽阔的深海。ABE 可以潜在水下长达 30 小时，同时为完整的海底地图收集数据，至今几乎没有一个深海位置有这样的地图。

从傍晚开始，一种高亢的噪声就盖过了雨点打在“太阳”号上的沙沙声，清脆有节奏的“当啷”声穿越夜晚的空气。达纳·约格尔走出实验室的钢门，来到作业甲板上，他将风帽拉到头上，向 ABE 走去，它停在距他几米远的甲板上。他的同事阿尔·杜厄斯特跪在潜水器前。

杜厄斯特手拿一只小木琴，用一根金属细棍均匀地敲打乐器的一块小板片，响起有节奏的“当啷”声。“那下面是声呐仪。”达纳·约格尔指着红管子和黄管子上侧的两个黑色圆塑料盖，解释给我听，“它们在水下捕捉 ABE 发送出的声音。我们用这把木琴模拟声音，调整仪器。”阿尔·杜厄斯特拎起最下面那根管子上的盖子，盖子下藏着电缆和银色的金属仪器。“这是 ABE 的心脏。”他说道，“一只扇形声呐仪。它将声学脉冲发送去海底，最大宽度达 1 公里。这一脉冲被反射、储存，为高分辨率地图提供基础。”

达纳·约格尔返回实验室，室内的长桌上堆放着连接细电线和闪烁小灯泡的测量仪。实验室同时又是过道，连着前往下层甲板的楼梯。过去几天我每次经过那里，都见到约格尔和杜厄斯特在摆弄那些仪器和设备，随后又俯身在 ABE 的三根管子中的一根上方。他们不知疲倦地不断纠正他们的

“玩具”的工作。“我一回家就睡觉。”有天晚饭时约格尔激动得直眨眼睛,微笑着说,“毕竟海上的时间有限。”今天夜里他要利用“基尔6000”号两次下潜之间的空隙,将ABE沉下水。为避免在海底发生碰撞,不能同时使用这两种设备。

约格尔重新走出实验室。“声呐仪频率正确。”他透过雨幕喊道。“电脑上的声学信号跳跃充分。”阿尔·杜厄斯特竖起大拇指,敲敲黄管子、红管子的黑色尖尖。“那里面是测量海水温度、气含量和传导性的声呐仪。用这样的方法,比如说,我们就能发现黑烟囱的烟柱。”因为它们含有特别多的锰气体和磷气体,比周围更暖和。“我们还测量海底的磁性,这会告诉我们,那里的沉积物有多厚或一座火山山坡上的熔岩有多古老。我们再将所有这些数据与声学数据结合起来,绘制海底地图。”

“嘿,过来点!”甲板上传来回声。水手长彼得·默克在ABE所在的铁架子后面举起胳膊。吊车铁钩下降,哗啦啦直响,默克抓住铁钩,在阿尔·杜厄斯特的帮助下将铁钩固定在ABE的上侧。我让到一旁,潜水器上面管子上的黄色小灯开始闪烁。当后侧的螺旋桨也开始旋转时,阿尔·杜厄斯特又朝达纳·约格尔的方向竖起大拇指。实验室门开着,门后面约格尔正将最后一道程序输入电脑。下潜的准备工作全都就绪了。

“抓牢前面这根缆绳。”彼得·默克指示一名水手,阿尔·杜厄斯特和另一位水手抓起ABE后端的其他绳索。吊车吊起设备,出现一阵短暂的忙碌,ABE继续前倾,水手们按照默克的信号放松缆绳,直到设备重新水平悬挂在空中,在他们的头顶上方飘来飘去。彼得·默克朝吊车驾驶员的方向挥动空着的那只手:“好了,吊过去吧! ”吊车转动,一会儿后就将ABE缓缓地沉向太平洋漆黑的洋面。

阿尔·杜厄斯特、达纳·约格尔和全体船员俯身在舷栏杆上。下方几米远的地方ABE正轻轻钻进水里,螺旋桨卷起浪花,直至吊车驾驶员解开钩子,ABE开始加速,离开“太阳”号越来越远,同时往漆黑的海里越沉越深。舷栏杆旁的人们目送着小小的潜水器,直到太平洋的黑暗也吞没了它忽闪的小灯。

ABE这回将待在海底12小时,与海床平行地潜行。它将总共行驶20公里,同时为海底地图搜集声学数据,检测海水的含气量和温度,测量海底的磁性。阿尔·杜厄斯特和达纳·约格尔将目不转睛地监视实时传输到船上的航海数据。直到ABE的电池快没电了,发出上升信号,他们都将守在实验室里,与船上的另两名同事轮班,有时长达30小时。然后他们指挥“太阳”号前往需要ABE重新收集数据的地方。

苏桑·穆尔勒按下鼠标,在椅子里往后靠回去。在她的屏幕上,ABE漂浮在一道深色背景前,漂浮在彩色的丘陵上方,时而升高,时而下潜,始终跟海床保持着等距离,而它的下面,一把光束组成的宽扇子正在搜索地面。半小时后潜水器速度变快了点,可以从背后看到它,紧接着它就消失在了远方,然后影片又从头放起。“ABE在深海的工作就与这幅电脑绘图差不多。”穆尔勒说道。

她是美国海洋和大气管理署(NOAA)的黑烟囱专家,是船上仅有的两名女性科学家之一。“在以生物学为重点的考察航行时,大多的时候船上女性多。”她微笑着说,“可在地质学家中间,就像这一次的考察航行,我们恰恰是少数。”她的实验室位于“太阳”号的最底层,她将达纳·约格尔在 ABE 上次下潜后交给她的一只硬盘连接上电脑。约格尔和杜厄斯特在船上负责自主迷你潜水器的技术部分。美国海洋和大气管理署的同事们负责分析采集的数据。

苏桑·穆尔勒从电脑里调出一张地图,图上可以看出新西兰的北岛。但与通常不同,包围这座绿褐色岛屿的不是蔚蓝色的海洋,而是一个沟壑纵横的丘陵地带,色调从橙色到绿色到紫色。“如果排掉海洋里的水,所有世界地图都是这个样的。”穆尔勒评论她过去几天里绘制的地图,“到目前为止,几乎没有哪个海域有这样的地图。”再点一下鼠标,地图开始移动,好像我们要飞越这道风景似的,新西兰大陆在我们下方缓缓消失,我们钻进陌生的海底山区。

我们快速离开靠近海岸的橙色的平坦区域,穿过一条紫色深海沟“飞”往北方。“克马德克海沟,10047 米深。”苏桑·穆尔勒说道。我想起来,科尔内尔·德隆德在一张航海图上将它指给我看过。不久屏幕上出现小山,山顶是红色的,谷底是蓝色的。“每种颜色标志一种高度。”穆尔勒解释说,“欢迎来到克玛德克弧,新西兰近海的水下山脉。”这张三维图展示的是一条火山链带,它们在海平面以下 1000~3000 米深的海底延伸。过去几天我们曾经乘坐“太阳”号飞越过这道迷人的风景,却没有感觉到。

大多数小山越往上越圆,轮廓有点模糊,可紧靠我们面

前就横着一条通道，通道里可以认出较细腻的区别：山峰棱角分明，谷底沟壑纵横。苏桑·穆尔勒说："我掌握有分辨率特别高的船用声呐仪收集的这条通道的数据。它们从水面上将无数声波发向海底——虽然比不上空中俯拍一座山的质量，但至少差别不大。"周围地带只有很粗糙的声呐测量的数据。

在克马德克弧最高的山包之一的旁边转向，回望，最终飞近一座环形火山口特大的火山。"这是兄弟火山的火山口。"苏桑·穆尔勒透露说，"整个考察就集中在这座火山。"当我们飞近时，可以认出火山口中央耸立着一座红色山峰，一个新的山尖形成了。"在这儿，"穆尔勒用鼠标点着火山口西北方向发绿的山壁，"'基尔 6000'号头一回下潜就发现了黑烟囱。"他们想借助 ABE 弄清楚火山口里有多少黑烟囱，这些黑烟囱有多少年的历史，它们周围形成了多少金属沉积物。

苏桑·穆尔勒连点几下鼠标，在电脑上打开了一张新图。图上是一道松软的橙黄色斜坡，坡前有一块发绿的平地——这是兄弟火山的一堵火山口洞壁的近景图。"这张图是我使用声呐仪的数据绘制的，显示的是火山口东壁。而这张，"苏桑·穆尔勒又点一下鼠标，"是我根据 ABE 到目前为止的下潜计算出来的。"好像抽走了一块布巾似的，突然出现了清晰的草图。斜坡上突岩林立，也能认出最小的山包和岩石里的裂缝。"优质声呐仪能达到 20 米左右的精确度。"穆尔勒解释说，"可它们离海底太远了。"只有 ABE 这样的仪器才能做到绘制更准确的地图所必需的下潜，在海床上方大约 50 米的高度飞行。"这样，ABE 甚至能认出不足一米的对象。"穆尔勒兴奋地介绍说。

她将图拉近，连摁好几下鼠标，坡脚的一个位置变成了暗红色。"现在我将这张图跟 ABE 的测量数据结合了起来，这儿显然特别热。"她用鼠标的指针绕红点点一圈，然后看着我，"从水里含有的硫和锰的值，我们肯定那里有黑烟囱，地面结构也说明了这一点。"这个地区果然长出了无数向上的尖柱子——黑烟囱的烟道。我得知，研究人员对这个地区至今一无所知，科尔内尔·德隆德也不知道它的存在。他们给它取名拉拉地，取自几天来船上的研究人员为了娱乐相互传看的一部系列录像片里的角色。"没有 ABE 的帮助可能永远发现不了这块地。"苏桑·穆尔勒说道。

未来的藏宝图在"太阳"号上诞生了。对于苏桑·穆尔勒和她的同事们来说，这是一个大型科研项目的一部分。他们计划花几年时间绘制整个太平洋火山环附近海底的地图，以便大体了解太平洋里有多少黑烟囱，它们有多少年的历史，它们如何变化。他们要用他们的数据协助查出，如何使用保护性的方式开采黑烟囱上的矿藏。"不过我们进展很慢，"苏桑·穆尔勒承认说，"我们这次考察只测量了一座直径 3 公里左右的火山口，而整个火环有 4 万公里长。因此我们不得不限于特别有意思的区域，就算那样也要忙上好几年。"

苏桑·穆尔勒、达纳·约格尔和阿尔·杜厄斯特此时无法意识到的是，在后来的一次考察中，ABE 被弄丢了。2010 年 3 月，在智利近海的一次下潜中，研究人员一直害怕的事情在 3000 米左右深的水下发生了——它的信号突然中断了。开始时人们还希望它很快又会出现，但他们不久就明白了，它的浮体一定是在深海的压力下爆炸了,所有的仪器和护套都被炸毁了。也就是说 ABE 根本无法再升上来,而估计是碎成了数十块碎片,散落在海底。至今他们仍不明白这次意外事故是如何发生的。如今,伍兹霍尔海洋研究所的研究人员使用另一台更先进的名叫 Sentry 的自动潜水器从事绘图工作。只剩下一台设备,他们的工作进展比先前更慢了,正如达纳·约格尔所介绍的,他们悲痛地怀念 ABE。

在"太阳"号上的化学实验室里,新西兰地质学家科尔内尔·德隆德将一张图钉在墙上。"你在这儿,"图上贴的一张粉色纸条上标着,一个箭头指向一块彩色中间的一点,"兄弟火山就在那儿。"德隆德解释说,"这是我们考察的焦点。"那张图大约 2 米 × 2 米大, 我在下沿认出了新西兰北岛的一块,彩色的那一块我也感觉似曾相识, 它不正是苏桑·穆尔勒在克马德克弧上方穿过它模拟飞行的通道吗? 科尔内尔·德隆德点点头:"正是, 我们已经掌握了这些位置海底的数据了。"可通道周围的图上大多还是白的。

船窗外面,太平洋一大早就掀起了高高的灰浪,窗户下面,一对来自美国和新西兰的科学家们正在工作。这里的实验桌被牢牢固定在船壁里或地板上,船上处处都这样。天空下了一夜的雨,此刻外面狂风怒号,研究人员将试管放进震动装置,让里面的内容流进无数软管,软管连接在一台仪器上,将仪器的数字监控器的数字输入电脑里。

"这是我们整个行程中从不同的深度采集的水样。"德隆德向我解释说,"我们将测量仪器系在绳子上, 放下水拖行。

仪器周围是一圈钢瓶,钢瓶放在一座圆形钢支架里。"那设备样子像个啤酒花,只不过比啤酒花大,他微笑着说它被叫作"CTD-Rosette",这个缩略词表示"电导率、温度、深度"。"电导率让我们推断水里溶解有哪种稀有金属和气体,因为随物质的不同它们常会骤然急升。"比如说,一旦从测量结果可以推测锰值增高了或温度上升了,研究人员就从实验室里打开其中的一只瓶子遥控。瓶子在水下咔答一声关上,搜集的刚好是这个地区的水。

"然后我们在船上检查试样的实际气含量,"德隆德拿一支圆珠笔敲着墙上的地图,"注明它们采自哪里。"经常出现很高的值,他们就通知ABE团队。它当天就能开始在这些位置给地面绘图,因为这些数值很可能来自一长排黑烟囱,它们从地底拔地而起,耸立在深海里,常在水里分布数公里长。有时,当它们冷却,聚集在一个较暖的水层下时,它们也组成真正的"云"。"在陆地上我们可以直接用望远镜搜索这个地带,"德隆德说,"但在水下不行。在水里我们只能'嗅闻'这些热水里的雾团。我们用CTD-Rosette来做,然后可以目标相当明确地动用ABE。"他们也是用这个方法发现拉拉地的。

图上的白色位置,我了解到,至今都根本没有那里的海底图,无论是用声呐仪还是用ABE这样先进的设备绘制的,他们至今也没有在那里采过水样。但科尔内尔·德隆德接下来几年的任务是明确的,这位就职于新西兰地质研究局(GNSScience)的深海研究人员要填充海图上的空白位置。

"新西兰拥有全球最大的专属经济区之一,大陆架扩展使得可能存在矿床的区域更大了。"科尔内尔·德隆德一只手抓紧桌沿——今天的海浪之大是这次航行中从未有过的，另一只手摸摸地图上的海域。“北方的这个区域属于新西兰，南岛周围还有一个很大的经济区。”就像属于新西兰的许多更小的岛屿周围一样，“因此，政府迫切地想了解这些水域有哪些原材料矿藏。”德隆德说道。

新西兰政府想靠深海研究挣钱，这一点显而易见。最早一批专属经济区内深海采矿的勘探许可证已经租给了海神矿业公司，但未绘图区域也可能存在满是金、银、铜、锌的矿床。为了它们将来能够带来数十亿的利润，研究人员应该加紧勘探。

这样，新西兰不仅在追赶安哥拉这样的石油开采国，它们靠出售深海原材料许可证现在也已经取得了丰厚收入，尤其是在追赶位于澳大利亚北方的巴布亚新几内亚。当海神矿业公司目前还在忙着为它的打算寻找新的合作伙伴和投资方时，巴布亚新几内亚近海黑烟囱的开采显然已经为时不远了。鹦鹉螺矿业公司早在2009年年底就与那里的政府就未来在腊包尔港每年150万吨矿石的中转达成了协议，很快就要在那里新建大厅和港口设施。

另外这家企业已经在委托生产重型设备，工程师们为鹦鹉螺矿业公司设计了两座巨大的平台钻井设备，将近10米高，20米长。希望这个叫作海底采矿工具（Seafloor Mining Tools）的平台钻机旋转的钻子钻进海底，粉碎黑烟囱附近的固态硫化物，通过长长的软管将形成的矿石浆抽吸到表面。随后平台钻机继续在崎岖的地面“跑”向下一座矿场，或在平坦的地区被改装成履带车。深海的地底成为露天矿，与科隆西方的褐煤地区类似，只不过是在海平面以下数千米。

将有一艘崭新的200米长的专用船只通过数公里长的线缆和视屏监控操纵这台海底采矿工具。计划在船上将矿石与淤泥和水分开，最后送达码头中转站。法国作家儒勒·凡尔纳曾经梦想过有一天能从海底开采黄金白铜，这个梦想行将成为现实。Solwara1是鹦鹉螺矿业公司在巴布亚新几内亚近海申请到开采许可证的第一个区域，集团计划在一个像Solwara1这样的区域使用这台专用船只三年，直到所有金属都被开采光，船只可以继续行驶，去将它的开采工具用于下一座深海矿石矿。

鹦鹉螺矿业公司不缺矿床来使用它的开采技术，目前，仅仅巴布亚新几内亚近海，它就已经在勘探整整71个许可证区域。另外还在汤加、斐济和所罗门群岛周围租赁了44个固态硫化物区域进行勘探。每个许可证区域大小不一，有的面积有几个足球场大，有的有一整座城市大——情形取决于这家集团已经能够多么准确地确定海底固态硫化物的位置。

虽然由于全球经济萧条，无论是钻井设备的生产还是专用船只的制造目前都暂时搁置了，但据说这些计划随时都可以重新启动，然后于数月内完成。鹦鹉螺矿业公司在它的公告中坚持，将按计划于2012年年初开始开采Solwara1。当我问这些计划有多现实时，基尔的地质学家彼得·赫泽格回答：“40年前还无人相信，这些石油集团有一天会从海底开采石油，都觉得那样做太贵太复杂了，可不久之后北海上就钻塔林立了。”“今天深海采油也同样已经是小事一桩了。”科尔内尔·德隆德补充道。

马丁·皮珀尔小心翼翼地将弯弯曲曲的黑色操纵杆推来推去。他慢慢弯曲手指最前面的关节，将圆形金属头向左转。在他面前，在“太阳”号监控室里的监控器上，深潜机器人的抓臂模仿这个动作，在探照灯的光线里，抓臂弯折它的“手腕”，然后张开它的巨爪。马丁·皮珀尔向托马斯·库恩点点头，他通过螺旋桨操纵深潜机器人，让它漂浮。“好了，我准备就绪了。我认为可以开始了。”

“基尔6000”号到现在已经下水一个半小时了，令研究人员们如释重负的是，在海上颠簸两天后风暴减弱了，过去几天一直陪伴着我的轻微恶心也消失了。这回从“太阳”号甲板上开动ROV要比第一回下潜更熟练。水手长彼得·默克和显得轻松的彼得·赫泽格一致认为，“我们再这么做上五回，就熟能生巧了。”考察到现在进行得很顺利，船上气氛轻松。

不足三刻钟之后，ROV飞行员再次发现了第一次下潜的黑烟囱。他们记下了ROV头一回钻出来时的坐标，这回尽可能垂直地将设备放了下去。然后他们操纵“基尔6000”号，让它离开活动的烟囱越来越远，进入一个岩石已经冷却的范围，他们寻找可以借助抓臂提取土壤试样的位置。托马斯·库恩操纵机器人飞行在一块褐黄色地面上方，地面在探照灯光下闪闪发光。监控器上的深度测量仪显示1588米。

我们上回在黑烟囱上欣赏过的大量生物群体再也不见了，但这儿也有微红和黄色的石柱竖立在海底。“基尔6000”号来到了冷却的烟道及其沉积物之间。“发红的岩石比较年轻，发黄的氧化得更厉害一些。”彼得·赫泽格解释监控器上的画面说。他倚在 ROV 飞行员身后的电脑柜上,紧张地看到他的团队已经将使用抓臂工作掌握得很熟练了。赫泽格认为海底的这个位置原则上很适合开采。这里的矿砂似乎很厚,堆积了一层又一层。ROV 飞行员有足够的理由将这个地点选作第一次采样的训练场。另外它还位于海神矿业公司在新西兰近海租赁的地区的中央,这个地区是海神矿业公司最重要的勘探许可证区域。

忽然,一只白虾从一块块石头上掠过来。它差不多有机器人抓臂的一半大,螯微张,举在头顶,好像在抵抗入侵者似的。ROV 飞行员耐心等待,想看看会发生什么。那只虾激动地爬来爬去,紧接着又消失不见了。托马斯·库恩操纵"基尔6000"号,让它接近那些岩块。马丁·皮珀尔又将抓臂下伸,机器人本身不能接触棱角尖尖的地面,皮珀尔的目标是那只虾刚刚还停留在上面的那些石块之一。他张开爪子,开始抓取——可就在这一刻水流将机器人往前冲了一点,金属爪子抓了个空,马丁·皮珀尔询问地望望托马斯·库恩。

"这儿没东西可以让左臂抓紧,稳定住 ROV。"库恩辩解说,"我只能操纵螺旋桨顶住水流,我们再试试吧。"他们又潜近几块岩石,皮珀尔再次向前伸出抓臂,不久后钢爪果真抓起了一块中等大小的淡黄色石头。马丁·皮珀尔目不转睛地盯着监控器,小心提起控制臂,拉近自己,当他将石头吊离地面时,沙沙落下一些碎片。抓臂在机器人的一半高度停下,库恩点击电脑屏幕上的一个框框,一只分成好多格的盒子像抽屉一样从机器人腹中向前伸去。皮珀尔转动控制臂,张开爪子,石块"扑通"一声落进抽屉最前面的格子里。彼得·赫泽格赞许地点点头。

接下来的几小时，库恩、皮珀尔和其他 ROV 飞行员轮流通过遥控继续从地面捡石头，放进抽屉。他们进行得极其小心，不仅是为了避免损伤贵重的机器人，也为了在海底尽量少留痕迹。研究人员知道，每次对深海生活空间的入侵不管多小，都可能造成无法预见的后果。因此“太阳”号上的所有研究人员都自愿遵守一条行为准则，这准则就是既要勘察也要保护海底的风景，这可以作为工业界其他推进的榜样。

“问题不再是工业界是否向深海推进，问题是这一切如何进行。科林·德韦是此次考察航行的负责人，他的舱室与船长的办公室兼卧室相邻，在科林·德韦的舱室里，他翻开名为《海洋学》的大尺寸刊物——一种探讨海洋研究的现实问题的科学杂志，“这里首次刊印了我们的‘六戒’。”他找到了他寻找的地方，用手掌抹平《海洋学》杂志。监控室里正在继续采样，他想让我看看 2007 年 3 月他与两位同事一起发表的名为“热液喷口负责任的科学”的文章。

德韦开始朗读：“第一，请您在科研时避免对黑烟囱附近未来的生物群落造成有害影响的所有活动。第二，请您在科研时避免会引起黑烟囱持久变化或造成明显破坏的所有活动。第三，请您仅为科学目的采取试样。等等。”德韦递给我打开的杂志，说，这些准则旨在保护黑烟囱不被科研工作损害。比如说，这也包括，不得在不同的热液区域之间将动物运来运去，哪怕只是搞错了。德韦解释说，经验证明，常有微小的生物沾在科研设备上，但必须避免它们在另一个区域扩散。在陆地上被带进的动物品种也一再赶走本地物种，打乱自然生态。因此，每次去过一个黑烟囱区域，都必须将深潜机器人和其他设备取回船上，仔细清洁，然后才可以再将它们放下水去。

“可这些准则到底有什么必要呢？”我问道，“保护深海对研究人员来说是一件理所当然的事啊！”科林·德韦笑了，“您知道世界各地都能得到的一家不来梅啤酒厂的这种绿瓶子吗？好吧，从前我们考察时经常在海底发现它们，不止两三只！”我想到“太阳”号上那许多各种颜色的桶，想到水手在航行开始时告诉我要严格分开垃圾的指示。“从前在海上，所有不再使用的东西都被扔进海里。大多数船是近几年来才将垃圾分类，带回陆地。”德韦说道，“就连许多深海研究人员都不是很明白，我们不能在海底想怎么做就怎么做。”

他讲，一开始要说服他的同事们相信这些准则的必要性并不那么容易。“我当时是一个名叫国际大洋中脊协会（InterRidge）的深海研究人员国际联合会的会长。”德韦解释说，“它负责大洋中脊地球与生命科学（Ridge-Crest）研究的国际合作，也就是深海山脊研究。20 世纪 90 年代末，越来越多的研究人员开始调查黑烟囱——第一批工业企业也已经对它们感兴趣了。于是我告诉我的同事们：我们这些深海研究人员是最早侵入这个美轮美奂的遥远的水下世界的人，因此我们也必须规定在这下面最好如何行为，因为只有我们拥有这方面的知识。只有很少的人有机会闯进这些生活空间。因此我们有责任保护它们，我们必须胜任这份责任。”

如今科林·德韦争取到了他的大部分同事遵守这个准

则。来自世界各地的2000多名深海研究人员在这条行为准则上签了字。2006年它由国际大洋中脊协会颁布,不久后公布在《海洋学》上,之后也在其他讨论会上和刊物里公布了。签字后研究人员不仅在考察时必须遵守准则的规定,他们相互之间也有义务宣布要进行的考察航行,在文章、讨论会和国际大会上汇报他们调查的所有细节。“否则那就是他们最后一次进入一个热液区域,最后一次见到一座黑烟囱。”科林·德韦强调说。

这个规定具有模范作用,不仅在海洋研究人员中间,地质学家和在陆地上工作的原材料专家也视之为榜样。相反,不存在——尤其是还不存在也能具有国际法效应地为深海制订这么一个准则的国际环保规章。同时这些准则不仅能调整研究人员的工作,也能整治工业界在海底的行为。

在监控集装箱里ROV飞行员克劳斯·辛茨将抓臂移向一个看上去像块大鲸骨或一截木头的物体。当他用ROV的巨爪触碰它时,那个长形物体顺着海底的一个斜坡滚下去了。ROV飞行员们急忙操纵机器人紧随其后。彼得·赫泽格向我嘟囔说:“我们让ROV下潜得远了一点点,以便在不平的区域也可以采样。”当我跟他谈起科林·德韦制订的行为准则时,赫泽格点点头。他是当时最早在准则上签字的人员之一——从此他就在设法也为工业界找到类似的规定。“如果那些单纯追求利润最大化而从事这种开采计划的公司在海底造成了什么失控的活动,”他解释说,“这会让我很担心。我觉得,必须以这一切为基础,尽快制订出一个明确的规则。”面对墨西哥湾油灾这想法天真吗?不完全是。

政界和经济界常将彼得·赫泽格作为专家邀请去做客，作为汉诺威的地质学和原材料署的领导成员，他参与决定德国的原材料策略，无论是有关锰结核的还是有关陆地上的原材料新资源的。作为石勒苏益格－荷尔斯泰因州的“海洋协调员”，最近他又被任命为设在布鲁塞尔的欧盟委员会的“海洋大使”，他在海洋科研事务上为政治家们提供咨询。同时，他和他的同事们也陷在一个两难困境里：是他们的基础调查才将道达尔公司、英国石油公司和鹦鹉螺矿业公司这些集团吸引进深海的。现在工业界征服海底的速度让研究人员们几乎跟不上了。要将政界和经济界的设想与科学界的设想统一起来是多么困难，赫泽格再清楚不过了——因为目标经常相左。

现在他将希望寄托在设在牙买加的国际海底管理局。作为顾问，他定期前往那里，帮助制订具有国际效力的深海开采规定。“国际海底管理局是第一个让人送去国际大洋中脊协会的黑烟囱行为准则及这些准则的详细解释文本的机构。”他瓮声瓮气地讲道。国际海底管理局的工作人员早就认为，将来不会只从国际区域的海底开采锰结核了。他们肯定，不久这些企业也将会瞄准所谓的钴壳——在海底无数地方发现的富含金属的地层，但至今几乎没有得到研究，以及黑烟囱金属沉积物——就像今天国内领海已经在做的那样。毕竟中洋脊、太平洋火环和其他火山带的大部分都位于国际海域，布满热泉。跟开采锰结核类似，国际海底管理局现在也想为所有这些区域制订规则。

“比如说，必须规定，这些公司可以使用它们的钻挖设备深入地下多深。”彼得·赫泽格解释说，“它们应该如何对待开采区域的生物，它们应该如何留下海底。因为无论如何都必须想办法，让这些区域随后又能返回它们的原始状态。”他从监控室的小门招手叫我去外面的作业甲板上。ROV 飞行员们已经有点神经质地转身望过我们几回了，因为我们的谈话让他们几乎无法再集中精力工作。那位基尔的地质学家对着午后的太阳眨眨眼睛，抬手撸撸胡子，解释起国际海底管理局是如何寻找规则的。

“他们搜集他们能搜集到的所有有关黑烟囱的研究成果，用于他们的工作。”他说道。管理局也分析海洋生物普查项目的数据和丹尼尔·德布吕埃尔这些研究人员的微生物学知识。赫泽格承认，他们的打算雄心勃勃，与锰结核规则类似。这也很重要，因为国际海底管理局的规则对黑烟囱的影响估计更加深远：“许多在其领土水域有热泉地带的沿海国家，只等着国际海底管理局制订规则，这样它们将来就可以将这些规则收入它们自己的立法。毕竟许多国家本身经常不具备制订规则的技术能力。”

到目前为止，深海开采规定实际上在所有沿海国家都是白搭。比如，鹦鹉螺矿业公司的所有活动都以它为基础的巴布亚新几内亚的开采法只含有一条涉及深海的条款。当它 1992 年被颁布时，还没有人知道黑烟囱的存在，它们是 3 年后才被发现的。而《国际海洋保护法》也还是 1970 年颁布的。它虽然经过了修订，但主要针对的是垃圾经济和航海造成的海洋污染，没有谈到深海的原材料。

汤加、所罗门群岛和斐济群岛近海的情形类似，意大利近海也是，在那里，海神矿业公司同样申请到了一份海底矿藏勘探许可证。虽然欧盟这几年规定，它的成员国必须在它们的领土水域建立海洋保护区域，但那不是为了深海矿藏，至今那里主要都是管理渔业和航海，事实上建立的保护区一直都只是纸上谈兵。因为即使在这些区里也还在继续大面积捕鱼，油轮和集装箱船还在行驶，还在从生态敏感区域挖掘沙子和鹅卵石——德国近海也是这样。海洋保护在欧洲没有很大的优先，深海保护更谈不上——而这里是存在技术诀窍的。

只有葡萄牙至今是有名的例外，亚速尔群岛是大西洋北部隶属葡萄牙的群岛，在它们周围甚至渐渐成立了多个深海保护区域，里面也有黑烟囱、冷水珊瑚和水下山脉。从那以后，研究人员虽然也还可以在那里观察深海的群落生境，但就连他们也不可以提取土壤试样或生物。不过，到目前为止，所有的规定条件在这些区域都只是自愿的——由于缺少较大的矿床，开采工业至今对这个地区没有表现出兴趣。

不管怎样，新西兰现在已经宣布，想颁布一个自己的深海开采法——连同严格的环保规定。这是皇冠矿业公司的主管司法学家米歇尔·安纳斯塔西亚在多封电子邮件里向我保证的。这个隶属经济部的机构要为在新西兰领海水域采矿制订规定。此前新西兰都是依据 1964 年的国家大陆架法颁发深海许可证的。这部颁布了近 50 年的旧法规定，能源部部长有权批准开采海底的矿物，条件是他“按照每桩个案的情况”认为“合适”。安纳斯塔西亚也承认，几乎不可能表达得比这更坦率了,但他也说不出新规定具体应该是怎么样的,也不知道什么时候能到这一步。

科尔内尔·德隆德对政府计划的具体内容也一无所知。这位国家级深海和黑烟囱专家至今没有得到研究、清查或制订环境准则的委托。“环境研究和清查由海神矿业公司负责。”米歇尔·安纳斯塔西亚解释说。国家在等公司从经济危机中恢复过来,就拿出这种数据来。说白了就是,威灵顿的政府想依据的研究成果,必定将是受利益主使的。真是用人不当。

巴布亚新几内亚近海的情形没有两样,而开始海洋采矿的日期越来越近了,同时,许多国家都在推开深海保护的话题,牙买加的国际海底管理局的工作人员多年来就在制订他们的守则。鹦鹉螺矿业公司不会等候复杂的深海行为准则的。黑烟囱附近的挖掘和钻探很快就要开始了,不管到那时规定有没有制订好。

几年前鹦鹉螺矿业公司就自己开始在巴布亚新几内亚近海进行生物学研究——在此期间就它的开采计划拿出了全面的环境消化能力研究论文。“我们不能允许自己在深海犯错。毕竟全世界都在看着我们。”鹦鹉螺矿业公司前董事长大卫·海顿在一次电话里向我解释说。不管怎么说,企业缺少法律规定,研究时依据的都是企业主动给自己提出的义务——国际海洋矿物协会(IMMS)的环保法。来自科研、政府部门和经济企业的 175 名国际深海专家加入了国际海洋矿物协会,这些研究人员有许多同时又是国际大洋中脊协会的成员。领导这个利益共同体的是它们的主席团成员和所长们——其中之一就是大卫·海顿本人。国际海洋矿物协会的现任主席是新西兰的科尔内尔·德隆德,他的前任是彼得·赫泽格。

但与国际大洋中脊协会研究人员自愿的行为准则相反,不存在具体的行为指南,国际海洋矿物协会内部的阻力显然太大了。它只为企业在海底的行为提出框架条件。2001 年草拟、自此一直在更新的准则里写道,入侵前要分析可能对环境造成的影响。要使用“可能最佳的”方法,保护环境和余下的海洋资源。在准备开采、开采时和开采后调查期间要随时公布环境影响的情况。

不管怎样,之前我认为,这些公司在黑烟囱附近会为所欲为,或听任为所欲为。我没想到,鹦鹉螺矿业公司会自愿服从这么一个法规。尽管如此,没有人监督这家集团在深海真正在做什么。“这种自己确定的义务当然不能取代国际海底管理局拟定的法律规定。”彼得·赫泽格也承认说,边说边跟科林·德韦一起重新走进监控室。德韦从餐厅里取来了饮料,拿给 ROV 飞行员们。“可这怎么说也是一个开始,有时工业界自己确定的义务比法律规定更有效。”

我惴惴不安地独自留在甲板上。因为谁阅读鹦鹉螺矿业公司的环境消化能力研究,就会发现,虽然有这令人肃然起敬的大胆行为,关键几点至今却尚未澄清,同时这家企业还在继续推进它的采矿计划。虽然它为研究邀请了世界各地著名研究机构的海洋生物学家,他们采样、测量,甚至选出了不应开采的监督区域,但是,尽管 Solwara1 像鹦鹉螺矿业公司爱强调的那样,如今可能属于世界上调查最充分的热泉区域之一，在这里，生物学家们从深海带回的问题也比答案多。

这样，他们在报告里写道，还不明白，开采会对无数鱼类、蟹类和蠕虫类的童年房间造成怎样的威胁，毕竟黑烟囱是各种动物幼虫的温床。研究人员还不知道，不同黑烟囱之间的幼虫和成熟动物的交换有多大。但单个物种的消失很有可能会对巴布亚新几内亚近海鱼产丰富的地区有负面影响，从而对国家最重要的经济分支之一有负面影响。因此，岛屿国家近海以捕鱼为生的众多村庄和土著部落现在都在要求这些机构仔细审查这些风险。

研究人员还认为，在海底有计划地使用钻具，预计会造成强大的尘雾，让海洋连续多年大面积变暗——就像开采锰结核一样。这些尘雾会在多大程度上破坏深海居民的食物摄取，甚至生物荧光，还不清楚。不过，水面依赖阳光的藻类和浮游生物也受到尘雾的伤害。另外研究人员还担心，开采时脱落的金属碎屑会积聚在深海的生物里，转入食物链，也对人类构成不确定的后果。

彼得·赫泽格对我说过："活性黑烟囱，也就是还有液体溢出、在它们上面形成生物群体的那些，我们无论如何不会建议开采。"在国际海底管理局计划推出的准则中，确实是要断然排除这种区域。但据鹦鹉螺矿业公司说，Solwara1 区域甚至有很多活性黑烟囱。研究报告里写道，每年都在新地点发现冒烟的烟道，而另一些消失了。至今无法预言，热液区是按什么模式变化的。

那么，又如何对待位于开采通道上的生物群落呢？这家企业在它的环境研究里解释说，一种主张是，忍受一定规模的破坏。到时候,一个个黑烟囱多多少少会沦为穿过海底吞食的深海钻头的牺牲品。人们只能希望,在开采结束后,相邻区域的动物会被水流冲来,重新定居到被破坏的地带。也可以选择性地设法在开采前收集活性黑烟囱的居民,借助网、箱和深潜机器人运走它们,寄放在附近的其他黑烟囱周围,等金属开采完后再将它们放回故乡的热泉旁。这个计划听起来已经近乎疯狂了,即使它真正可行,麻烦将会巨大,从经济角度几乎无法实行。另外值得怀疑的是,在生态学上这么一种移居是否有意义。科林·德韦及其同事们在他们的行为准则里恰恰是警告,别将不同地区的物种相互混到一起。

鹦鹉螺矿业公司强调,要在个案中做出"正确的决定"。但这些集团经理是要在什么基础上做决定呢?国际海洋矿物协会的法规对此也没有说明。我在企业的环境研究论文里找到了有关条文,它们也会让法兰克福森肯伯格研究所的米歇尔·杜尔凯震惊的。报告说,个别动物品种至今只在Solwara1区域的黑烟囱附近被发现过,在全球其他的任何地方都没有发现。但是,研究论文的作者们说,这种动物的"现实"分布局限于这么小的区域,是"不大可能的"。我想起我在法兰克福拜访米歇尔·杜尔凯时,他说过,事实上在每个有黑烟囱的新区域都会发现新的物种。至今还不能估计,这些物种相互之间的交换程度有多大。他相信,地方性破坏会对数百万年来保持着平衡的深海生态系统造成重大损害。

当我在后来的一次交谈中与米歇尔·杜尔凯再次谈及此事时,他讲道,他手里甚至有一封巴布亚新几内亚的新开采法草案等待鉴定。他提出过建议,先将开采区域的风险研究

定为义务。必须在一个窄小区域试验性地开采黑烟囱和固态硫化物，开采前和开采后都采集试样，几个月或几年后必须重新看看是否一切正常。可是，杜尔凯说，这个建议未被采纳。他估计，这样做太耗钱、太耗时间了。但是，如果按照米歇尔·杜尔凯或丹尼尔·德布吕埃尔的意思，工业开采只可以在明确不会涉及罕见动物品种或生物群体的地方进行。但由于至今显然还不能明确说明哪里的深海是这样的，鹦鹉螺矿业公司必须要么耐心等待，直到拿到更准确的调查结果，要么坚决留下有着活性黑烟囱的区域。

另外，有关巴布亚新几内亚近海的黑烟囱的知识还不完善，其他研究人员设法以他们的工作为此做点贡献，可那里的政府显然不喜欢见到这些努力。森肯伯格研究所的生物学家和新闻发言人布丽吉特·艾贝报告说，过去几年里当局拒绝了各种各样的申请，她提到了鹦鹉螺矿业公司的活动。

法国海洋开发研究院的地质学家和热液专家伊伍斯·福克特也抱怨，虽然之前申请得到了批准，当他与一队研究人员想在那里调查黑烟囱附近的微生物时，他是真正被“赶出了”巴布亚新几内亚的水域。自从鹦鹉螺矿业公司在巴布亚新几内亚活动以来，那里几乎就不存在独立研究了。我在我的旅途中和我在海洋生物普查项目的框架内结识的大多数研究人员，主要也批评一点，鹦鹉螺矿业公司不公开环境研究结果。它们最终不应妨碍企业将海底的金属转变成数十亿利润的目标。

对于巴布亚新几内亚政府来说，出售原材料也拥有最高优先权，虽然存在鹦鹉螺矿业公司在其不够充分的环境消化能力研究报告里记录的风险，首都莫雷斯比港的政府对开采计划没有任何反对意见。来自巴布亚新几内亚的消息说，这份研究报告于2010年1月顺利地被接受了，现在再没有什么妨碍它拿到开采许可证了。余下的道路貌似已经设定好了：与安哥拉近海的道达尔公司类似，在巴布亚新几内亚近海，鹦鹉螺矿业公司也行将缺乏政策性预防措施地在深海海底创造出既定事实。

黑色喷泉从一个有许多隆起的烟囱里喷出来。"基尔6000"号画着舒缓的弧线，绕黑烟囱"飞行"，在它的底端可以看到黑蚌和几只小虾。ROV渐行渐远，它们越来越小。我最后一次在"太阳"号集装箱里的监控器上望向我们脚下很远处的海底热泉。科林·德韦满意地挺直脊梁，从椅子上站起来。过去几小时里ROV飞行员不断从海底捡起新的石块，又将一部分重新放了回去。此刻外面黑洞洞的，"基尔6000"号要结束它的第二次下潜了。

不足半小时后漆黑的太平洋里突然有微光闪烁起来。"太阳"号船后大约100米处有圆圆的一团在闪光。水面变成青蓝色，一群鱼兴奋地聚在光圈里。我周围的研究人员和船员们纷纷跑去船尾。水下的亮光和闪烁越来越强，随后一道光柱亮得刺眼，穿破水面。"基尔6000"号从太平洋深处钻出来了。

"继续向右，再向右，好，现在直行。"马丁·皮珀尔望着机器人方向，通过对讲机向监控室发布命令。当托马斯·库恩操纵ROV向船驶来时，皮珀尔示意他的同事阿恩·迈耶，迅速卷起深潜机器人的绞盘。几分种后“基尔 6000”号直接浮游到“太阳”号尾部打开的舷栏杆前。很响的一声“噗噗”,好像一只鲸鱼钻出来了。研究人员和船员们笑了,他们已经从第一次下潜认识这响声了,“基尔 6000” 号旋转的螺旋桨在抽吸海水,听起来真的简直就像一条鲸鱼。当吊车钩子被固定在 ROV 的上侧之后,船上人员和研究人员蹲下身去,水手长喊了几句命令,水手们用力拉紧绳索,从侧面稳住机器人。然后水淋淋的机器人在我们头顶晃荡,直到吊车驾驶员和船员们将它轻放到科考船灯火通明的甲板上。

“这些是鲣鱼!”科林·德韦越过舷栏杆指着鱼群,它们显然是尾随机器人的灯光而来的,正在船尾绕圈。我注意到,整个考察过程中我几乎没看到海里的动物,虽然头一天晚上就出现过两起高潮——我饭前在作业甲板的舷栏杆旁站了一会儿,一条海豚忽然来陪我了。它猛地钻出,优美地跟在船旁游过来。它大概有 1.5 米长,跟“太阳”号进行着一场小小的游泳比赛。可几分钟后它就拍打几下鱼鳍,超过了船。另一天突然有人喊起来,舵手在左舷看到了一群剑戟鲸。我跟在研究人员们后面跑向舷栏杆,差点就太迟了。只在稍远处还能看到三根黑色背鳍在迅速变小。不管怎么说,那是我平生见过的第一批鲸鱼,单那景象就让我觉得壮观。我希望考察期间还能看到其他较大的动物接近“太阳”号,但这个希望落空了。

“我出海航行已经 15 年了。”德韦叹息一声,离开舷栏杆,朝着深潜机器人的方向走去,“我不得不说,我们在这种航行时见到的鲨鱼、鲸鱼和鱼群的数量剧减了。”这不只是个别海洋研究人员的印象。我们只要看看世界各地的捕捞成果,就会明白原因何在。自 20 世纪 80 年代末的高峰以来,每年的捕鱼量一直在下降。许多鱼类的存量现在就已经被捕捞到了极限，许多海域被掳掠得一点不剩。“从前，在孩提时候,”德韦回忆说,“我跟着我妈去赶集。我来自苏格兰,那里有海鲑、鳕鱼和鲭鱼,那些生活在我们的近海的鱼类。相反,今天在这种集市上会见到来自非洲的剑鱼和无须鳕及来自太平洋的金枪鱼鱼排。这就是说,我们不仅捕光了我们自己的近海,也捕光了遥远他国和辽阔海洋里的鱼。”他摇摇头。通过捕鱼掠夺海洋表明,人类肆无忌惮地在海洋里自由捕捞几十年,会造成什么后果。

甲板上,马丁·皮珀尔和托马斯·库恩开始检查 ROV。螺旋桨上有擦痕或凹坑吗?黑烟囱的炎热有没有导致线缆或其他塑料部件变形?他们将机器的“下潜后检查项目”表对过一遍后,彼得·赫泽格俯身到机器人打开的抽屉上方。他拿起克劳斯·辛茨在多次尝试后收集起的那样长东西。彼得·赫泽格认为,“我相信,这真的是一块鲸鱼骨。”它比监控器里显得大许多，满是白色细管，它们像一厘米长的鬃毛黏附在上面。“这大概是蠕虫。”赫泽格认为,用手指小心地摸摸一根管子,“只不过我说不清是哪一种。”

我了解到,鲸骨成堆地出现在深海里。海底常有巨型动物的完整骨骼,因为它们死后沉下深海,在那里很慢地腐烂,在原本贫瘠的深海构成一个脂肪丰富的重要食物源。“夏威夷的一位同事,克拉格·斯密特,已经调查这种鲸尸多年了。”彼得·赫泽格介绍说,“他在它们上面找到了别处都没有的动物种类,其中有一些类似于黑烟囱周围的。斯密特甚至让人将发现了鲸尸的所有地方绘制了地图。大多位于这些动物的漫游线路上,在海底构成完整的链。”克拉格·斯密特坚信,这些尸骨是深海地面少有的营养丰富的地区的一个重要链节。

“不。”一个深沉的声音打断了我们,“这不是鲸骨。”水手长彼得·默克眼神严肃地在我身旁向满是蠕虫的那一截弯下身去,然后伸臂做了个很大的动作。“这是什么,这一目了然,这是阿哈船长的木腿。”他叫道,“来自《白鲸记》(美国著名小说家梅尔维尔的作品,被认为是美国最伟大的小说之一)!就是大腿!”说完他哈哈大笑着离开了。

赫泽格又微笑着俯身到 ROV 的抽屉上方,他拿起两块差不多大的石块对着探照灯照照。在它们的前侧可以看到长形小凹坑,像一条槽。“您看到这淡黄色微光吗?”赫泽格用手指摸摸发亮的槽,“这是氧化了的铜。我估计,这些石头曾经处在一座黑烟囱内部。”赫泽格将石头递给我。必须在基尔的实验室里对它们进行检查,才能弄清它们的金属含量有多高。然后会决定要不要再在同一地点另外钻井,更准确地查明地里矿层的厚度和金属含量,或者是否要继续寻找,寻找更有意义的地区。但那样的话研究人员估计不会分析这些石头。这回主要是为了证明,“基尔 6000”号能够打捞深海里的东西。

研究人员将满是蠕虫的鲸骨扔回了海里。他们船上没有工具,无法内行地将它连同上面的生物保存起来。但 ROV 飞行员们可以保留这些石块,他们想将它们带回家做纪念,科林·德韦破例批准了他们这么做。

当托马斯·库恩用一根软管冲洗“基尔 6000”号机器人，冲掉它上面的盐水时，那些石头在敞开的监控室门外从一只手传到另一只手里。人们还打开了第一批啤酒。毕竟这是抓臂的首次成功使用，这是 ROV 飞行员们下次航行时可以在黑烟囱附近开始“真正”工作的前提条件。

科林·德韦介绍说，使用“基尔 6000”号的申请表现在就已经很厚了。全德国的海洋研究人员都想租借这个设备进行考察。但这位基尔的地质学家本人还想再带着 ROV 出海一趟，去一个他已经好奇了多年的地方：“在中洋脊，在巴西和非洲西部之间，在大约 2000 米深的地方发现了估计是世界上最热的热泉。”他兴奋地说道，“测量到的温度在 400℃以上。”他想先让“基尔 6000”号更仔细地检查那个热泉，借助长长的弓形感应器，它的尖尖上安装有气体和温度测量仪、捕捞动物的网、玻璃烧瓶和海底采样器——一种吸尘器，它能将海水连同生活在里面的动物、颗粒和微生物一起吸进去。因为德韦估计，在大西洋的这个极热的泉里也会云集着未知的生命。

他们想这样给深海生态系统的知识缺陷再补上一块积木：“我们只能保护我们也理解的东西。”彼得·赫泽格陈述那许多还必须进行的考察航行的理由说，“要想在利用海洋和保护海洋之间找到平衡，我们还需要更多数据。只有那样我们才能规定，在深海里允许什么不允许什么。”研究人员希望随着每一次考察都能更接近他们的目标一小步。

“一切都好过预期，为此我想衷心地感谢你们。”科林·德

韦举起他的红酒杯，望着在座的众人。那是考察活动的最后一晚，这位考察负责人如释重负，喜形于色。“考察队和船员合作出色，我们使用ROV工作的前景在接下来的几年里真的很乐观。”房间里响起同意的低语声。“在此我提议为此次我们的美国、新西兰、德国的联合考察圆满成功干杯。”研究人员和船员们先是有点尴尬，后来越来越愉快地鼓起掌来。紧接着啤酒瓶和葡萄酒杯相互碰撞，实验室角落里的一台笔记本电脑里传出咔咔的摇滚乐。

“太阳”号船上忙碌了一整天，第二天早晨它将驶进奥克兰码头，然后设备和研究人员都将迅速离船。毕竟下一次考察已经在等着“太阳”号了，中间要在一座印度尼西亚船坞里停留一下——设在汉诺威的联邦机构地质学和原材料署要调查南太平洋的地震危险。

因此，在所谓的实验室里，科学家们白天一直在忙着包装仪器，整理资料，相互交换考察期间获得的数据。他们在船上奔走，将设备装进纸箱和皮箱。现在达纳·约格尔和阿尔·杜厄斯特在ABE的实验室里为这场小小的结束庆典腾出了位置。

“基尔6000”号在整个航程中都运转正常，一点毛病没有——除了一开始掉落的“尖珠母”导航系统和最大下潜深度测试。早在我上船前研究人员就设法让ROV下潜到了6000米，检测它的最大下潜深度。可在下潜10047米深的克马德克海沟的途中，不知什么缘故电缆绞盘起火星了。测试被迫中断，计划下回航行时补上。

新西兰和美国的研究人员对考察成果也表示满意，他们在一个他们中许多人都还不知道的区域收集到了无数新数据。这天晚上，三星期来"太阳"号上的深海研究人员头一回不再研究工作计划和专业问题。"美国的科考船上基本没有酒。"达纳·约格尔手端一杯红葡萄酒笑着说，"因此我们很喜欢跟我们的欧洲同事们一起出海。"他身旁激烈地争论开了，争论哪个国家的哪条船上有最好吃的食物（法国），最多的酒（俄罗斯）或最好的庆祝（意见不一）。我悄悄离开，去最后一次欣赏明亮夜空闪烁的星星。站在指挥舱上方的瞭望台往上看，夜空宛如一个穹顶罩在船的上空，直到在地平线上似乎天衣无缝地过渡到墨黑的太平洋。

我不由得想起科尔内尔·德隆德说过的一些话："深海研究之所以重要，因为我们的未来在那里。"他说道，"我们的能源、我们的食物、我们的原材料都将一大部分来自海洋。尽管如此我们对月球背面的了解仍然多于对海底的了解。"他矜持地笑笑，因为他明白，这恐怕是被海洋研究人员引用最多的话。然后他更加严肃地接着说："而我们的孩子们的未来就在海底。"

我望着星光灿烂的夜空，夜色下，"太阳"号机器轰鸣，朝着新西兰驶去，射出远近唯一的光芒。与科林·德韦和彼得·赫泽格差不多，科尔内尔·德隆德也坚信那是可能的，深海采矿可以以负责任的方式进行，"那下面不会被糟蹋"。因为有一点人们不可以忘记，他强调说，数十年来在陆地上对金、铜和其他金属的开采导致了灾难性的入侵。为了获得那陆地下面土壤里的原材料，雨林区域遭到砍伐，整座整座的村庄被迫迁移。特别是在非洲和南美洲的许多地区，工人们经常还

忍受着危害健康的非人条件。

鹦鹉螺矿业公司也喜欢通过计算解释，在深海开采 1 克金或铜必须开采的岩石要比陆地上少得多，因为海底的金属浓度是那么高。陆地上获得 1 吨铜平均需要开采 8000 万吨岩石，在深海只需要 2 吨。“一旦有了来自海洋的原材料，”德隆德得出他的个人结论说，“人们至少可以自己注意用哪种方式开采它们。想办法既不危害自然也不危害人类。”因此他宁愿在新西兰沿岸的深海里开采而不是进口那些其出处在政治、生态和社会学上都值得怀疑的金属。

所有这一切肯定都没错，如果深海开采时真能从陆地上犯的错误汲取教训，那就太好了。深夜，当“太阳”号上的庆祝活动接近尾声时，我有一会儿甚至认为这是可能的：陆地上经常失灵的所有那些理智会在深海集聚起来，人们会听从研究人员的警告和建议，一直等到弄明了哪些地区必须得到保护，开采海底时会照顾到海底的居民——为了所有人的利益。

但是，次日凌晨，当我沐浴着晨曦站在甲板上，奥克兰的工业码头在我们身旁掠过时，我不再那么乐观了。码头上，吊车正全自动地卸下集装箱船的货物，长长的管子里倒出煤、砾石和沙，堆成一座座黑、灰和黄色的山。我们回到了现实中，回到了急需原材料和工业增长的世界里。海鸥嘎嘎叫着欢迎“太阳”号，空气中弥漫着浓烈的柴油味，天空合适地下起瓢泼大雨。

水面很远的地方一条快艇正在驶近“太阳”号。它是来接边防警察和引航员的,他们在我们一大早驶进奥克兰湾时就上船了。在我下面登上快艇的新西兰边防官员的那副样子表明了深海原材料开采的问题在哪里——海底不存在像样的监督,那里无人检查各国或各集团如何进行,没有任何机构会禁止到目前为止的活动。谁也不重视,要遵守自己确定的义务或将来的政策制订的规则。哪里都没有计划引进这种海洋监督——无论是在新西兰近海还是其他地方,在国际层面上也没有,原材料行业距离引进独立的深海环保证书还很远。

因此,最糟糕时会发生什么事呢?我边想边在船舱里收拾我的东西,不久就要离船了。海底的独特区域会遭到破坏,深海绿洲会被挖光。在几年的深海采矿之后鱼的总量会萎缩,卷起的尘埃和残余物也会危害我们的健康。更别说计划好的在太平洋中央开采锰结核将造成的这种后果的巨大规模了。

深海采油隐藏着哪些风险,最迟自2010年春天就明白了,自从英国石油公司的“深水地平线”号钻井平台在墨西哥湾沉没以来,这场灾难不仅表明了,有些集团在深海进行得多么漫不经心;它也向我们揭示了,就连美国这样技术和金融上装配精良的国家——还拥有一些世界上最知名的海洋研究所——也无法对深海环境灾难做出充分的准备。灾难发生后数星期都不明白,从爆炸的钻孔里流出的原油会在深海造成什么损害,油在那里如何分布,用来将油融化成小点滴的化学物质,事实上是否会引起另一场至今无法看见的环境灾难。

不管未来会带给海底什么，一旦出了什么事，不会有那样一个人大声疾呼：这个人能够拍出暂时无人看见的破坏的照片；或记录开采原材料和可能的长期损害之间的联系——因为无人住在海底。那里没有邻居去向环境或采矿管理局投诉对他们的生活空间的污染，没有游说者向集团会议和部长们发火，无论是相机还是卫星都不能透过表面望进海里。要知道那里在发生什么，必须使用昂贵的仪器下潜。可是，只要政府部门不为此提供资金，企业向研究人员口授调查结果或拒绝前往相关区域，国际海底管理局和海洋法庭不被授权监督，海底就只能听凭集团行为的摆布了。

蓝、白两色的集装箱震动一下，从木板上升起。它从"太阳"号的甲板上方飘过，不久就被放在了码头上。监控集装箱是最后离开科考船的莱布尼茨海洋科学研究所的装备。研究人员将他们的设备装进无数箱子里，今天还要将它们装船运往基尔。然后他们自己也要踏上归程，环绕半个地球，30多小时的飞行，返回朋友和家庭身边。不到8星期后基尔的研究人员又将出海，去使用"基尔6000"号调查中洋脊海底最热的热泉。

我的平衡器官已经习惯了船身的颠簸起伏，我脚下的地面直到次日才停止了晃动。昨晚我向研究人员和"太阳"号全体船员告别了。此刻一辆出租车载着我在穿越新西兰北岛森林密布的丘陵。飞回去之前我想至少体验一下世界另一端美丽的大自然。

我花了一星期时间参观冬天的冲浪海滩，在科拉曼德尔半岛的雨林里漫游,欣赏罗托鲁瓦城周围火山地区散发着硫黄臭味的间歇喷泉和热泉。科尔内尔·德隆德曾经说过的话果然不错:在陆地上,时而绿色、时而翡翠蓝色的热泉周围的风景被划成了自然保护区,虽然这里没有黑烟囱附近那样的珍稀动物,至少没有肉眼就能认出来的。即使这样,这些国家公园每年也吸引来成千上万的游客。理所应当,它们喷射的间歇喷泉、咕咕响的淤泥湖泊和蒸气腾腾的热泉也吸引了我好多天,让我从考察航行的疲惫中得到一点恢复。

可是,直到我返回后多月,在我向朋友、亲戚和同事们介绍过新西兰和安哥拉之行,我的海上经历,对研究人员的实验室、汉诺威的地质学和原材料署和海事法庭的拜访之后,那无数的印象才渐渐开始沉淀,在我心里组合成一个整体画面。对我的介绍的最常见反应是:这一切我们毫不知情!大多数人对全球的那许多深海行动、那些破坏及其带来的纠纷,深感意外,在开始调查和旅行时我也是这样的。

可是,如今我的意外被其他一些东西取代了,对这个巨大生活空间的担忧,接下来的几十年里将有越来越多的原材料来自这个空间,现在就因为如何瓜分它们在激烈争执。我再也不能满足于我的角色,只做个全球"深海陶醉"的纯粹观察员了。

为了从发生在陆地上——现在也发生在墨西哥湾——的错误中汲取教训,迫切需要延期清偿,暂时在全球停止所有深海工业项目。必须向研究人员提供充足的预算和设备,让他们能够在相关区域进行环境消化能力研究。必须制订保护区标准，选出不得入侵的地区。只有在做完这一切之后才可以重新安排允许在其中开采全球急需的深海资源的区域。

据国际自然保护联合会(IUCN)分析,各国的领海水域至今只有1.6%的面积被设为了自然保护区。相当于陆地上受保护面积的12%左右。它们主要是近海浅水域——就连那里的保护经常也只是纸上谈兵。更难的是在深海,在国际水域,那里仍然不存在保护区——最近在大西洋东北部开始的第一批保护区的尝试除外。

可是,只有那时候,只有当大面积海域被排除在开采之外,建立起了一个监督机制监督各集团时,工业界才可以继续挺进深海。是否总能和平进行,取决于各国平息它们的近海纠纷,而不会回返到近两百年来的炮舰政策的意愿。

眼下海底被交给了一小群来自工业界、政界和科学界的决策者。而广大社会必须关注这个话题。继续挺进深海的决定还可以改变。为此我们必须重新考虑我们的所有优先权。我们必须想一想，海洋及其物种多样性对我们有多重要;随着经济增长和我们对便宜原材料的需求，有疑问的情况下，我们准备放弃什么来保护它们;这些原材料中的一些是不是早就有其他选择了。这种争论只能在全社会内部进行。它必须今天就开始——在为时已晚之前。

鸣　谢

在旅行和调查中,我在科考船、石油钻探船和采油船上遇到了那许多研究人员、工作人员、工程师、实验室人员和其他深海专家,我无法在本书中一一提及他们的名字,现在此一并感谢。要不是他们很坦诚地向我介绍他们的工作,回答我的许多问题,我就不可能这么详细地报告全球的“深海冒险”。

感谢克劳斯·加贝特的支持,是他率先让我想到写作本书,他是一位精确有创意的编辑;

感谢本书的终审编辑卡特琳·丽特克,她做事细致,大胆决策,在 Hoffmannund Campe 出版社负责本书;

感谢卡佳·比亚拉斯,她热心地负责了版面编排和本文和插图的设计;

感谢迪安娜·斯图布斯和她的 Eggers&Landwehr 事务所,与它合作轻松愉快,具有激励作用;

感谢 WDR 电台的编辑芭芭拉·施米茨、马蒂亚斯·维尔特和加布里埃尔·孔泽,感谢他们的信任和支持,没有他们无论是影片还是本书都不可能诞生;

感谢科隆纬度制片厂团队:奥利弗·贡特拉姆、马里昂·

格丽尔、雅斯敏·麦特瓦利和卡佳·斯特莱特尔。感谢他们制订旅行计划，申请签证、拍摄许可证，解决法律问题，并始终抱以同情。感谢伊莎贝拉·阿尔伯特、米歇尔·克恩、托马斯·库切克和斯特凡·博恩扛着摄像机陪伴我旅行和他们在剪辑台旁的加工处理。感谢他们所有人也将我的项目当成他们自己的项目。

感谢我父母尔赫尔佳·齐鲁尔和哈拉德·齐鲁尔，他们很早就赋予了我对异国他乡、语言和海洋的热爱，坚决信任我所走的道路，不断为我加油鼓劲；

感谢我妹妹蒂娜·齐鲁尔，她自始至终密切地照顾我的生活和工作，在困难时帮助我，跟我一道欢庆美好的事情，不断让我产生新的想法；

感谢弗洛利昂·本尼迪克斯的幽默和睿智，他用它们既给我鞭策也让我重新返回现实。感谢他的善良和爱，我永远不想再失去它们。

特别感谢托马斯·魏登巴赫，作为我的朋友、同事和制作人，他多年来一直支持我，从我身上取出“最好的东西”之前，他很少会安静下来。在影片和本书的诞生过程中他也是我最重要的顾问和批评家，从最初的调查念头直到杀青的手稿，也是他设法一次次让我不失去对自身和项目的信任。

参考文献

新西兰近海寻宝

罗伯特·巴拉德.深海,黑暗世界大考察.慕尼黑:赫毕格出版社,1998.

彼得·巴特森.深深的新西兰:蓝色的水,蓝色的深渊.基督城:坎特伯里大学出版社,2003.

威廉·毕比.海平面下923米.莱比锡:布洛克豪斯出版社,1935.

科尔内尔·德隆德等.海底岩浆热液系统的演化:兄弟火山:经济地质学,2005(10):1097-1133.

丹尼尔·德布吕埃尔,米歇尔·塞贡扎克,莫尼克·布赖特.深海热液喷口动物手册.林茨:上奥地利州博物馆,2006.

理查德·埃利斯. 有生命的海洋——来自水世界的新闻.汉堡:海洋出版社,2006.

丹·福尔纳里. 热液喷口的发现——一封下潜和发掘简报.www.divediscover.whoi.edu/ventcd.

罗伯特·孔泽格.看不见的大陆——深海的发现.汉堡:海洋出版社,2002.

威廉·马丁,米歇尔·罗梭.细胞起源论——从非生物地球化学到自养原核生物和从原核生物到核细胞的进化过渡的假说. 英国皇家学会的哲学交易生物科学,2003,328(1429):59-85.

雅克·皮卡德.海平面以下 11000 米.莱比锡:布洛克豪斯出版社,1961.

深海生物普查

卡尔·昆恩. 来自世界海洋深处——1898—1899 德国深海考察介绍.耶拿:古斯塔夫·费舍尔出版社,1900.

皮尔·德尚.恒星海洋:前往水下世界之旅.汉堡:德国国家地理,2007.

克劳迪娅·霍赫莱特纳,曼弗雷德·霍赫莱特纳.水下宇宙,海洋深处生物未知的神奇和美丽.阿沙芬堡:罗伊斯出版社,2004.

罗兰·克瑙尔,克丝婷·菲尔里格.简明知识——海洋和深海.科隆:瑙曼 & 格贝尔出版社,2008.

克莱尔·努维安.深处——深海的生命.慕尼黑:克内泽贝克出版社,2006.

达格玛·罗尔利希. 深海——关于黑烟囱和发光的鱼.汉堡:海洋出版社,2010.

弗兰克·施茨廷.来自一个未知宇宙的信息,一次穿越海洋的时间旅行.科隆:基彭霍伊尔 & 维切出版社,2006.

皮尔·塔登特.海洋生物学入门.斯图加特:蒂默出版社,2005.

达利尼·特鲁·克利斯特, 盖尔·斯科克洛夫特, 小詹姆斯·哈丁.海洋宝库——世界海洋的人口普查.海德堡:施佩克特鲁姆出版社,2010.

菲利普·威尔金森.深蓝——发现海洋的秘密.希尔德斯海姆:盖斯特伯特出版社,2004.

未来就此开始

联邦地质学和原材料署. 能源原材料 2009——储藏,资源,可使用程度.www.bgr.bund.de.

国际能源事务所.石油市场报告.www.oilmarketreport.org.

蒂斯·吕析,托马斯·霍普纳,卡洛·范贝奈姆.海洋里的石油——灾难和长期负担.达姆施塔特:科学图书公司,2002.

阿尔内·佩拉斯.美国发现非洲.南德意志报,2007-7-12.

布鲁诺·萨伏伊, 迈里阿姆·西比耶. 深海生物普查项目——Biozaire 发现深渊. 能源 5——技术和创新场外系列,2003:25-33.

道达尔石油公司(编辑出版).能源 5,技术和创新场外系列.重点为安哥拉近海深海项目的企业杂志,2003 年

鲁道尔夫·特劳布·梅茨.几内亚湾的石油繁荣.波恩:弗里德利希 - 埃伯特基金会,2003.

海洋属谁所有?

欧文·鲍科特. 新的大英帝国·英国计划吞并南大西洋. 2009-9-22.

伊曼努尔·埃卡特. 陆地上的海洋争夺势力. 海洋,2007(65).

伊丽莎白·曼·博尔杰塞.与海洋一起生活.汉堡,科隆:海洋出版社,基彭霍伊尔 & 维奇出版社,1999.

英戈·温克尔曼.北极地区的气候变化和安全.柏林:科学和政治基金会,2009.

吕迪格尔·沃尔夫鲁姆. 北极地区的司法政权.www.mpil.de/shared/data/pdt/wolfrum_auswaertiges_amt_arktis.pdf.

联合国.海洋法协定.www.un.org/Depts/los.

沃尔夫冈·格拉夫·菲茨图姆.海洋法手册.慕尼黑:贝克出版社,2006.

大西洋里德国的第 17 个州

沃尔夫冈·贝格尔,欧根·赛博尔德.海底——海洋地质学介绍.柏林:施普林格出版社,1996.

克里斯蒂安·博洛乌斯斯基. 东南太平洋秘鲁盆地身体不安的海底大型动物,实验影响 7 年后重访.深海研究第二部分:热带海洋学研究论文 48,阿姆斯特丹:爱思唯尔,2001 年,第 3809–3839 页

德国联邦地质学和原材料署（有关锰结核的信息见 www.bgr.bund.de）

国际海底管理局.信息和采矿守则.www.isa.org.jm.

尤尔根·施耐德尔. 全球物资供应和环境问题背景下的深海开采锰结核. 柏林，海德堡，纽约：施普林格出版社，1988:423–431.

希奥马尔·蒂尔,格尔德·施里弗,埃里克·福尔.多金属结核采矿,废物处置和深海海底的物种灭绝.海洋地质资料

和地质技术,2005(23):209-220.

米歇尔·韦迪克·霍姆巴赫.深海原材料追猎——科研人员追踪“海洋宝藏”.海德堡:斯派克特鲁姆出版社,2008.

警告还是希望?

苏桑·弗里德利希.深海遗传资源——生态,生态展望,法律状况和解决设想.职责范围讨论,2007-1-23.联邦自然保护署,www.bfn.de/fileadmin/ABS/document/Gen._Res._der_Tief-see_0107_fuer_website.pdf.

约翰尼斯·英姆霍夫,尤塔·韦泽.阔步前进的蓝色生化技术——由海洋生物提取的新的灵丹妙药. 生物论坛,2008(30):36—37.

勒奈克·梅诺,若埃尔·加莱隆,迈里阿姆·西比耶.太平洋深海结核对较大型深海生物群落的影响.2006.

克雷格·施密特.深海海底生态系统:现状和 2025 年人为改变的前景.环境保护,2003(3):219-241.

深海的两难选择

科林·德韦,查尔斯·费舍尔,史蒂文·斯科特.热液喷口负责任的科学.海洋学,2007(20):162-171.

雅克·库斯托,苏桑·希费尔拜因.人类,兰花和章鱼——我的探索和保护我们的环境的一生.法兰克福:坎普斯出版社,2002.

西尔维娅·厄尔,琳达·格洛弗,格雷姆·凯莱赫.不畏海底——一封行动议程.华盛顿:岛屿出版社,2004.

约翰·菲尔德,戈特希尔夫·亨佩乐,科林·萨默海斯.海洋 2020——科学,趋势和可持续发展的挑战.华盛顿:岛屿出版社,2004.

国际海洋矿物协会. 海洋采矿环境管理守则.2009 年 8 月 21 日的草案,www.immsoc.org/IMMS_downloads/PAV_CODE_082109_KM_082509.pdf.

丹·拉丰勒. 海洋保护区域走向网络化——世界自然保护联盟世界保护区域委员会的 MPA 行动计划. 世界自然保护联盟世界保护区域委员会,格兰德,瑞士,2008.

鹦鹉螺矿业公司. 环境影响报告书.http://cares.nautilus-minerals.com/downloads.aspx.

联合国环境计划署(UNEP):《深海生物多样性和进化体系:对它们的社会经济、管理和治理的研究报告》,http://ekh.unep.org/?q=node/2526〔2007〕.

（京）新登字083号

图书在版编目（CIP）数据
深海争夺战/［德］齐鲁尔著；朱刘华译. —北京：中国青年出版社，2013.1
ISBN 978-7-5153-1363-4
Ⅰ.①深… Ⅱ.①齐…②朱… Ⅲ.①深海生物—生物多样性—研究 Ⅳ.①Q178.533
中国版本图书馆CIP数据核字（2012）第295335号

Title of the original edition:
Author: Sarah Zierul
Title: Der Kampf um die Tiefsee. Wettlauf um die Rohstoffe der Erde

出版发行：中国青年出版社
社　　址：北京东四十二条21号
邮政编码：100708
网　　址：www. cyp. com. cn
编辑电话：(010)57350508
责任编辑：李茹 liruice@263.net
营　　销：北京中青人出版物发行有限公司
电　　话：(010)57350517 57350522 57350524
印　　刷：北京嘉业印刷厂
经　　销：新华书店

开　　本：880×1280 1/32
印　　张：9
插　　页：2
字　　数：178千字
版　　次：2013年1月北京第1版第1次印刷
定　　价：29.00元

本图书如有印装质量问题，请与出版部联系调换联系电话：(010)57350526